C·H·Beck

PAPERBACK

Dieses Wörterbuch versammelt die häufigsten – und die unterhaltsamsten – Businessfloskeln, die die alltägliche Bürosprache durchsetzen. Von A wie «aufs Gleis setzen» bis Z wie «zeitnah» nimmt das Worthülsenlexikon die gängigsten Büroplattitüden kritisch-konstruktiv unter die Lupe und analysiert, was Ihre Kollegen oder Ihr Chef meinen, wenn sie Höflichkeitsfloskeln, Verbindlichkeitsfloskeln oder die äußerst beliebten Zeitgewinnungsfloskeln verwenden. Und wenn Sie verinnerlicht haben, dass Extrameilen immer auf Überstunden hinauslaufen und ein Adaptionsprozess für die Mitarbeiter zumeist eine Verschlechterung bedeutet, können Sie beim nächsten All-Hands-Event den Ad-hoc-Workflow effizient und ergebnisorientiert an den prodynamischen Teamplayer neben sich delegieren.

Hermann Ehmann ist promovierter Sprachwissenschaftler und war wissenschaftlicher Mitarbeiter an der Ludwig-Maximilians-Universität München. Sein Spezialgebiet und Steckenpferd ist der Sprachwandel. Bei C.H.Beck ist unter anderem von ihm erschienen: sein vierbändiges «Lexikon der Jugendsprache» *affengeil* (1992), *oberaffengeil* (1996), *voll konkret* (2001) und *endgeil* (2005) sowie *Mein Leben als Mutti. Wahre Geschichten eines Elternzeit-Papas* (2009).

Hermann Ehmann

ICH BIN DA
GANZ BEI IHNEN!

Das Wörterbuch
der unverzichtbaren Bürofloskeln

C.H.Beck

Originalausgabe

2. Auflage. 2014
Verlag C.H.Beck oHG, München 2014
Gesetzt aus der Stempel Garamond im Verlag
Druck Bindung: Druckerei C.H.Beck, Nördlingen
Umschlagabbildung: © Dirk Meissner
Umschlaggestaltung: Geviert/Grafik & Typografie,
Christian Otto
Illustrationen: © Dirk Meissner
Printed in Germany
ISBN 978 3 406 66860 9

www.beck.de

INHALTSVERZEICHNIS

VORWORT

Top-Talente aufgepasst!

Wir sind ein innovatives Unternehmen auf Wachstumskurs und möchten unsere Mega-Performance der vergangenen Jahre toppen. Dafür suchen wir Sie, den prodynamischen Teamplayer, für unsere hoch motivierte Vertriebsmannschaft! Sie sind auf sportliche Ziele getrimmt, gehen regelmäßig die Extrameile und verfügen über ein Höchstmaß an Selbstmanagement sowie den nötigen Biss im diffizil-sensiblen Aftersales-Prozess! Challenge, Compliance und Drive sind für Sie keine Fremdwörter! Dann sind Sie unser neuer Hoffnungsträger! Hungrige Top-Talente holen wir da ab, wo sie stehen. Von uns werden Sie zu einem effizienten Best-Performer geformt. Darüber hinaus kommunizieren Sie unsere Philosophie nachhaltig extern und stiften so einen echten Mehrwert für die Corporate Governance unserer Organisation. Admin-Kram erledigen Sie en passant beim Workout.

Sind Sie noch bei uns? Haben Sie Lust auf einen spannenden Austausch auf Augenhöhe? Dann sichern Sie sich zeitnah unser Agree für Ihren individuellen Karrierekick auf Win-win-Basis. (Bewerbungen von problemorientierten Bedenkenträgern oder suboptimal getrimmten Minder-Performern betrachten wir als No-Go).

Stellenanzeige auf www.monster.de

Willkommen im Plattitüdenparadies der modernen Arbeitswelt, einer *Up-or-out-Gesellschaft* mit knallengen *Deadlines* und ehrgeizigem *Engagement-Level*! Hier gilt das Motto: «Ich bin *busy*, also bin ich.» Oder um Shakespeare (leicht abgewandelt) zu bemühen: «*Canceln* oder *gecancelt* werden, das ist hier die Frage.» Wenn sich der Kontinent der Dichter und Denker zu einem der Blender und Banker entwickelt, verändert sich notgedrungen auch die Sprache. So meinte Kultur früher etwas völlig anderes als im consulting- und bankerdominierten 21. Jahrhundert, wo Vokabeln gern als Euphemismen für unternehmenstypische *Change-* und *Transformationsprozesse* zweckentfremdet werden und es zumeist darum geht, Mitarbeiter an die *Corporate Identity* zu adaptieren – am besten ohne dass sie es merken. Doch dieses Worthülsenlexikon entlarvt die inhaltsleeren Büroplattitüden und zynischen Euphemismen, mit denen jeder von uns täglich konfrontiert ist. Haben Sie den Eindruck, dass in Ihrer Firma kaum jemand daran interessiert ist, Probleme zu lösen, sondern sich lediglich alle darum bemühen, diese schönzureden? Haben Sie das Gefühl, an Ihrem Arbeitsplatz tobt die reinste Floskelschlacht? Dieses Wörterbuch analysiert die Abgründe der modernen Bürosprache und nimmt die gängigsten Bürofloskeln *kritisch-konstruktiv* unter die Lupe, damit Sie wieder den *Wald vor lauter Bäumen* sehen und verinnerlichen, dass *Extrameilen* immer auf Überstunden hinauslaufen.

Ihren Ursprung haben Floskeln (lateinisch «flosculus» = Blümchen) in der antiken Rhetorik. Dort waren sie überaus beliebte Werkzeuge, um Reden zu schmücken und «anhörbarer» zu gestalten. Heute wird der Begriff vorwiegend abwertend gebraucht. Mit einer Floskel ist meist eine formale Redewendung oder eine inhaltsleere Sprachhülse gemeint, gelegentlich wird sie auch – sprachwissenschaftlich unkorrekt – mit bloßen Füllwörtern wie etwa «halt», wohl», «sozusagen» in einen Topf geworfen. Doch Floskeln haben durchaus ihre Berechtigung: Sie können beeinflussen, wie eine Aussage beim Adressaten ankommt, beim Small Talk werden sie verwendet, um Sprachlosigkeit zu überbrücken, und manchmal helfen sie, für den Gesprächspartner den richtigen Tonfall zu finden. In der Sprachwissenschaft spricht man dann von Modal- und Abtönungspartikeln, die beispielsweise dazu beitragen können, einer Aussage die Spitze zu nehmen oder aber eine ironische Spitze einzufügen.

Floskeln erfüllen also eine Kontaktfunktion und machen an sich kein schlechtes Deutsch aus. Allein ihr unablässiger und unreflektierter Gebrauch weist ihre Verwender als Menschen aus, die sich kaum oder gar keine Mühe geben, ihre Formulierungen sorgfältig, präzise und bewusst zu wählen. Dieser unablässige Gebrauch von Floskeln ist besonders häufig im Büro- und Geschäftsjargon anzutreffen, und so begegnen uns Kollegen, die *prodynamische Visionen* für einen *nachhaltigen Know-how-Transfer* haben, die *explizit unaufgeregt rüberkommen* und es *sexy* finden, sich mit den *Over-Performern* zu *batteln*. Doch durch die unreflektierte Verwendung der Businessfloskeln sabotieren sie sich *am Ende des Tages* selbst. Da gab es den Vorstandschef einer großen Münchner Automobilfirma, der die Wendung bei seiner Rede auf der Jahreshauptversammlung in fast jedem Satz unterbrachte – obwohl der Mann gute Zahlen vorlegen konnte, musste er *am Ende des Tages* dennoch seinen Posten räumen.

Er ist nicht der Einzige. Quer durch alle Branchen künden Führungskräfte *vom Ende des Tages*. Der Pharmamanager sagt: «Unsere Medikamente werden über Jahre entwickelt, da kommt es *am Ende des Tages* auf den einen Tag hin

9

oder her auch nicht an.» Der Strommanager sagt: «Der Wettbewerb in Deutschland funktioniert tadellos, man sieht das doch schon daran, dass die vier Anbieter *am Ende des Tages* immer Milliardengewinne machen.» Der Bankmanager sagt: «Natürlich ist unser Milliardenverlust nicht schön, aber wir hoffen darauf, dass wir *am Ende des Tages* auf den Staat zählen können.» Der Telefonanbieter sagt: «Lass die Leute ruhig wechseln, *am Ende des Tages* kommen sie doch wieder zu uns zurück.» Diesen Zitaten haftet etwas Rechthaberisches und Unangreifbares an, und manchmal geht dieser Schuss nach hinten los – dann nämlich, wenn eine Floskel oder Phrase zu offensichtlich als solche verwendet und von der Umgebung als nichtssagende Worthülse enttarnt wird.

Dass die Aussagen und Verlautbarungen vieler Führungskräfte vor Worthülsen nur so strotzen und zunehmend auch Mitarbeiter dem Businesstalk verfallen, liegt unter anderem in dem florierenden Geschäftsmodell der Rhetorikseminare begründet. Diese boomen seit Jahren, doch geht es in ihnen weniger um eine bessere Verständigung oder präzisere Kommunikation. Weit mehr verfolgen sie den Zweck zu lehren, sich in puncto Sprachschatz, Körpersprache, Umgangston und Umgangsformen einem allgemeinen *Level* anzupassen. Der Teilnehmer übernimmt den typischen Businessslang, sein *Wording* wird *prodynamisch* und seine Sprache erhält den spezifischen *Drive*. Ein Fortschritt beziehungsweise eine positive Entwicklung ist es dabei sicher nicht, wenn Ihr Chef Sie dazu auffordert, beim *Kick-off* die *diffizil-sensiblen Aftersales-Prozesse perspektivisch* zu *positionieren*, um so *sukzessive Synergieeffekte* zu *supporten*.

In der modernen Bürosprache ist Rhetorik von der «Kunst der Rede» zur «Kunst der Manipulation und Verschleierung» verkommen. Wenn Rhetoriklehrer gerade nicht predigen, wie man seine Arme richtig hält, bringen sie den Menschen bei, ihre Worte zu verschlüsseln. «Dabei erkennt jeder, dessen Kollegen vom Rhetorikseminar zurückkommen und plötzlich gekünstelt wirken: Das Problem besteht nicht in der Körpersprache der Leute, sondern darin, dass sie aufgeblasenen Blödsinn erzählen» (Thilo Baum, 2009). So dienen antrainierte Floskeln im Geschäftsleben häufig dazu, unangenehme Sachverhalte durch zum Teil zynische Euphemismen schönzureden (*jemanden freistellen*), Zumutungen sprachlich geschickt zu verschlüsseln (*Personality-Change-Prozess*) und Standpunkte weichzuspülen beziehungsweise möglichst flexibel zu halten (*Damit kann ich mich ein Stück weit identifizieren*).

Diese Ausdrücke begegnen uns nicht nur Tag für Tag im Büro, sondern fangen langsam, aber sicher auch an, unser Privatleben zu durchdringen. Daher scheint ein kritischer Blick, der die Intention der jeweiligen Floskel beleuchtet und ihre «wahre Bedeutung» offenlegt, nicht nur lohnenswert, sondern aufgrund der Diskrepanz zwischen dem Gesagten und dem Gemeinten auch *vollumfänglich* unterhaltsam. Ich differenziere sie grundsätzlich nach ihrer Funktion im Satz (syntaktische Ebene), nach ihrer inhaltlichen Bedeutung (semantische Ebene) und nach der Wortbildung (morphologische Ebene).

Auf der syntaktischen Ebene anzutreffen sind besonders die **Bläh-** und **Verlegenheitsfloskeln** (mit Nähe zu bloßen «Füllwörtern») sowie die äußerst beliebten **Zeitgewinnungs-**, **Überbrückungs-** und **Hinhaltefloskeln**. Die Bedeutungsebene (Semantik und Pragmatik) markiert seit jeher das Kernstück bürosprachlicher Kommunikation. Auf dieser Ebene begegnen uns **Bedeutungsveränderungs-** und **Bedeutungserweiterungsfloskeln, Einschüchterungs-** und **Stressfloskeln, Abschwächungs-** oder **Verstärkungsfloskeln, geflügelte** und **metaphorische Floskeln, Höflichkeits-** und **Verbindlichkeitsfloskeln** und nicht zu vergessen die **multisemantischen Universalfloskeln** (auch **Beliebigkeitsfloskeln** genannt).

Die auffälligsten Merkmale auf der Wortbildungsebene sind die Präfix- und Suffixbildung; fällt beides zusammen, spricht man von Zirkumfigierung. Vorsilben können ein Wort verstärken, Suffixe können das Wort, welchem sie angehängt werden, hinsichtlich Wortart, Genus und Numerus spezifizieren. Auch Fremdsprachen, an erster Stelle sind das Englische und Französische, aber auch das Lateinische sowie das Griechische zu nennen, sind eine beliebte Quelle der Businessfloskeln. Häufig ist ebenso die Verwendung von sogenanntem Denglish, also englisch-deutschen Zwittervokabeln, und lateinisch-englischen Sprachzwittern. Weitere wichtige Quellen sind zum einen die Sportlersprache, zum anderen die Technikersprache sowie Informatikersprache.

Neben der Art der Floskel ist ihre jeweilige Intention zu beachten. So dient beispielsweise der **Auffülleffekt** dazu, allzu kurze Aussagen wenn auch nicht unbedingt mehr Substanz, aber zumindest strukturelle Fülle zu verleihen. Mit dem **Kosmetikeffekt** können allzu banale Aussagen durch Phrasen ein wenig aufgehübscht, gelegentlich sogar aufgewertet werden. Der **Überspielungseffekt** vermag Unsicherheit, Verlegenheit und Sprachlosigkeit zu kaschieren und ist nicht zu verwechseln mit dem **Vortäuschungseffekt**, der mittels Floskeln eine Souveränität vortäuscht, die *de facto* nicht vorhanden ist. Der Vortäuschungseffekt steht wiederum dem **Wichtigtuereffekt** nahe, der den Eindruck der Wichtigkeit und Unentbehrlichkeit hervorrufen soll. Der **Abwechslungseffekt** sorgt mit Wortneuschöpfungen für frischen Wind im Sprachgefüge – auch wenn sie sich bei genauerem Hinsehen als bloße Worthülsen herausstellen.

Grundlage dieses Wörterbuches bildet eine umfangreich angelegte Rechercheaktion zwischen 2010 bis 2013. Betonen möchte ich, dass dies kein wissenschaftliches Kompendium ist, sondern eine Zusammenstellung besonders häufig verwendeter Businessfloskeln. Die Auswahl erfolgte subjektiv unter Berücksichtigung des Unterhaltungsfaktors und die Analyse und Übersetzung der Floskeln mit einem Augenzwinkern. Viel Spaß beim Schmökern und Querlesen!

München, im Juli 2014   *Hermann Ehmann*

FLOSKELN VON A BIS Z

Beginnen möchte ich unser Gespräch mit einer freundlichen Begrüßung. Das hat sich spieltheoretisch bewährt!

A

abholen

in der Wendung *jemanden abholen* = an einen (vorhandenen) Kenntnisstand andocken, jemanden in Kenntnis setzen; klassische Bedeutungsveränderungsfloskel; ursprüngliche Wortbedeutung laut Grimmschem Wörterbuch «ein Buch abholen», später von der Sozialpädagogik aufgenommen («die Kids da abholen, wo sie stehen»), bürosprachlich adaptiert und bedeutungsmäßig erweitert; vgl. → *ankommen*, → *mitnehmen*.

Bsp.: *Könnten Sie mich mal eben abholen, damit ich mental bei Ihnen ankomme?*

Bedeutet: *Tut mir leid, ich habe nichts von dem verstanden, was Sie gerade gesagt haben.*

abmoderieren

eine Situation beruhigen, deeskalieren; meist in der Wendung *einen Konflikt abmoderieren* = einem Konflikt aus dem Weg gehen bzw. verhindern, dass dieser aufkommt; Neologismus mit Kosmetikeffekt in Anlehnung an «anmoderieren».

Bsp.: *Versuchen Sie, den Kulanzfall mit dem Kunden abzumoderieren.*

Bedeutet: *Reden Sie dem Kunden sein überhebliches Kulanzgequatsche aus!*

absolut

von lateinisch «absolutus» = vollendet, vollständig, vollkommen; businesssprachlich: völlig, uneingeschränkt; vgl.

→ *voll und ganz*, → *total*; Verstärkungs- bzw. Füllfloskel, die Vehemenz und Unbeirrbarkeit ausdrücken soll.

Abstimmungsprozess

nicht etwa der demokratisch legitimierte Wahlgang zur Urne (aber faktisch natürlich daher abgeleitet), sondern ein → *hochkomplexes* bzw. → *diffiziles* Verfahren, um mit mehreren Abteilungen zu einem vorzeigbaren Ergebnis zu kommen; vgl. → *Prozess*.

Bsp.: *Wir befinden uns gerade mitten in einem hochkomplexen Abstimmungsprozess.*

Bedeutet: *Das kann noch ewig dauern, bis wir zu einem Ergebnis kommen, weil hier Hinz und Kunz ihren Senf dazugeben.*

abwickeln

etwas professionell, ohne emotionale Beteiligung erledigen; in der Wendung *ein Unternehmen abwickeln* = eine Firma schließen; laut DUDEN ursprünglich im Handwerkerjargon beheimatet («Kabelrolle abwickeln»); klassische Bedeutungsveränderungsfloskel, die semantisch eine kalte, durch nichts zu beeindruckende Professionalität bei gleichzeitigem Hang zur Schönfärberei widerspiegelt.

Bsp.: *Wir werden das diskret abwickeln.*

(Achtung: Aus solchem Holz sind Killer geschnitzt!)

action items

anglizistische Zusammensetzung aus «action» = Handlung, Aktion, Maßnahme und «item» = Gegenstand, Objekt; businesssprachlich: Aufgaben, die vordringlich sind; vgl. → *Agenda*; unscharfer Anglizismus, der zumeist Ratlosigkeit beim Gesprächspartner auslöst.

Bsp.: *Lassen Sie uns als Nächstes die anderen action items angehen.*

Adaptionsprozess
von lateinisch «adaptari» = anpassen, «procedere» = voranschreiten; businesssprachlich: Angleichung, Anpassungs-
fortschritt; lateinisch-deutscher Sprachzwitter mit Manipulationscharakter; wird er im Modern Business verwendet,
bedeutet dies zumeist eine Verschlechterung der Grund-
bedingungen für die Mitarbeiter; vgl. → *Change-Prozess,*
→ *Transformationsprozess.*
Bsp.: *Wir stecken gerade mitten in einem schmerzhaften,
aber unvermeidlichen Adaptionsprozess und haben mit den
üblichen Vorbehalten zu kämpfen.*

ad hoc
lateinisch = zu diesem, hierfür; businesssprachlich: sofort,
spontan, zur Sache passend; improvisierte Handlungen, aus
der Situation heraus entstanden; intellektuell klingende
Verstärkungspartikel, die oft als «Präfix» verwendet wird:
Ad-hoc-Meldung = zur sofortigen Veröffentlichung bestimmte Tatsache, *Ad-hoc-Workflow* = Vorgänge ohne vor-
herige Planung oder Modellierung.
Bsp.: *Lassen Sie uns daran arbeiten, dass unser Ad-hoc-
Workflow an Fahrt gewinnt!*
Bedeutet: *Wir sollten endlich aufhören, immer alles bis ins
letzte Detail zu planen, am Ende weiß die linke Hand eh
nicht mehr, was die rechte tut!*

admin
Kurzform für Administration; Verwaltungsarbeiten, Ver-
waltungsangelegenheiten.

Bsp.: *Am Samstag werde ich nicht bei der Projektarbeit dabei sein, da mache ich admin.*
Bedeutet: *Ich brauche dringend mal eine Auszeit, lasst mich am Samstag bloß in Ruhe.*

affin
von lateinisch «affinis» = angrenzend bzw. «affinitas» = (Wissens-)Verwandtschaft, Ähnlichkeit; bürosprachlich morphologisch abgespeckt (ohne das Nominalsuffix «-itas»): mit jemandem/etwas zu tun habend, mit etwas verwandt sein; der Begriff «Affinität» spielt in vielen Bereichen (u. a. Philosophie, Biochemie, Mathematik, Textilindustrie) eine wichtige Rolle.
Bsp.: *Wir sind hier ein absolut internetaffiner Betrieb.*

Aftersales-Prozess
Betreuung nach Verkaufsabschluss; englisch-lateinisch-deutscher Sprachzwitter, der mit der Zielsetzung verwendet wird, besonders unverzichtbar zu wirken.
Bsp.: *Im Aftersales-Prozess sollten wir noch mal nachlegen, um uns wieder besser im Markt zu positionieren.*
Bedeutet: *Wir müssen uns dringend etwas überlegen, damit unsere Bestandskunden nicht weiter zur Konkurrenz abwandern.*

afterworken
englisch = «nacharbeiten»; etwas nach(be)arbeiten, nach Dienstschluss weitermachen, geschäftliche Kontakte vertiefen; Anglizismus mit hohem Kosmetikeffekt; nicht zu verwechseln mit der *After-Work-Party*, die wortbildungsmäßig Pate gestanden haben dürfte, bei der jedoch das gemeinsame «Abfeiern» nach Dienstschluss im Vordergrund steht; vgl. → *preworken*, → *reworken*.

Bsp.: *Wie es aussieht, müssen wir da heute Abend noch einiges afterworken.*
Bedeutet: *Vor Mitternacht kommt hier heute keiner aus dem Büro raus.*

Agenda
von lateinisch «agere» = tun, handeln; die Aufgaben, die Tagesordnung; Latinismus, der spätestens seit der Sozial-*Agenda* 2010 von Ex-Bundeskanzler Gerhard Schröder (vom *SPIEGEL* 2010 → *im Nachgang* als «Floskelkanzler» geehrt) businesssprachlich in aller Munde ist.
Bsp.: *Für unsere Agenda ist dieser Punkt momentan nicht virulent.*
Bedeutet: *Da weiß ich gerade auch nicht weiter, verschieben wir das doch erst mal.*

Agree
von englisch «to agree» = zustimmen, (mit etwas) übereinstimmen; Übereinstimmung, Abkommen, Einverständnis, Einvernehmen; anglizistische Verbindlichkeitsfloskel; vgl. → *comitten.*
Bsp.: *Kann ich mich auf Ihr Agree stützen?*
Bedeutet: *Kann ich mich darauf verlassen, dass Sie mir morgen in der Konferenz nicht in den Rücken fallen?*

alles im grünen Bereich → *grüner Bereich*

All-Hands-Event/Meeting
wörtlich «alle Hände»; Versammlung aller Mitarbeiter eines Bereichs, um das → *Team* auf eine → *Vision* einzuschwören bzw. Kräfte zu bündeln (vgl. → *Synergieeffekte*); der Begriff stammt aus der Seemannssprache: An einem *All-Hands-*

Manöver müssen sich alle Besatzungsmitglieder wegen der Schwierigkeit oder der Dringlichkeit in einer Gefahrensituation beteiligen.

Bsp.: *Wir brauchen mal wieder ein All-Hands-Meeting, um admin-Redundanzen zu beseitigen und eine höhere Kundenzufriedenheit zu generieren!*

Bedeutet: *Wir müssen endlich mal alle Abteilungen an einen Tisch bekommen, denn hier kocht jeder sein eigenes Süppchen und die Kunden hauen uns ab.*

ambitioniert / ambitiös

von englisch «ambitious» = 1. arbeitsfreudig, fleißig, 2. anspruchsvoll, herausfordernd, wählerisch; bürosprachliche Bedeutungsverschiebung in Richtung strebsam, eigennützig, geltungssüchtig, ehrgeizig, hungrig, fieberhaft.

Bsp.: *Sie scheinen sehr ambitionierte Ziele zu verfolgen.*

Bedeutet: *Schalten Sie mal einen Gang runter, so werden Sie sich bei den Kollegen nur unbeliebt machen.*

ambivalent

von lateinisch «ambo» = beide und «valere» = gelten; businesssprachlich: zwiespältig, doppel- bzw. mehrdeutig, vielfältig; auf den Psychologen Eugen Bleuler (1857–1939) zurückgehender Begriff, der das Nebeneinander gegensätzlicher Gefühle, Gedanken und Aussagen beschreibt, sprich ein «sowohl als auch» von Einstellungen; über Psychoanalyse und Sprachwissenschaft ins Modern Business vorgedrungen.

Bsp.: *Ich sehe das durchaus ambivalent.*

Bedeutet: *Da weiß ich jetzt auch nicht, was besser ist.*

am Ende des Tages → *Ende des Tages*

andenken

1. sich mit etwas → *ergebnisoffen* beschäftigen, 2. etwas in Erwägung ziehen; Neologismus mit Wichtigtuereffekt, da die Vokabel ein gewisses Quantum an Kreativität und Querdenkertum signalisiert.

Bsp.: *Vielleicht sollte man mal Folgendes andenken…*

ankommen

etwas gedanklich nachvollziehen, begreifen; oft als Partizip («jetzt bin ich → *bei Ihnen angekommen*»); businesssprachliche Bedeutungsveränderung bzw. -erweiterung der laut Grimmschem Wörterbuch ursprünglichen Bedeutung «ein Schiff ist angekommen»; vgl. → *abholen*, → *mitnehmen*.

Bsp.: *Könnten Sie das noch mal kurz rekapitulieren, ich bin noch nicht ganz angekommen.*

Bedeutet: a) *Entschuldigung, ich habe Ihnen gerade nicht zugehört.* b) *So wie Sie das vortragen, versteht das kein Mensch!*

Ansage

Äußerung oder Stellungnahme, die in puncto Deutlichkeit bzw. Klarheit nichts zu wünschen übrig lässt; eindeutige Meinung, evtl. mit weitreichenden Konsequenzen für den Kommunikationspartner; vom Bühnen- bzw. Theaterjargon abgeleitete bürosprachliche Dramatisierung eines verbreiteten Rituals (z. B. «Ansage» im Zirkus oder am Bahnhof); im Business gerne als Stress- und Einschüchterungsfloskel verwendet.

anschieben

etwas nach vorne bringen, in Bewegung setzen, fördern; in

früheren Zeiten wurden tonnenschwere Steine (man denke an Sisyphos) oder Kohlewagen von Arbeitern vorwärtsbewegt, heute sind es → *Prozessprocedere*, die angeschoben werden.

Bsp.: *Wir gehen davon aus, dass die staatlichen Maßnahmen die Wirtschaft wieder anschieben werden.*

Anschlag, am

Obergrenze des zu bewältigenden Arbeitsvolumens, Grenze der Leistungsfähigkeit; Anleihe aus der Physik bzw. Mechanik; metaphorisch aus dem Bild eines Reglers, Drehknopfes oder Hebels entstanden: Ist der Druck eines Dampfdruckgerätes zu hoch, geht es in den roten (= kritischen) Bereich, schlägt dann die Messnadel an den Anschlagstift, steht das Gerät kurz vor der Explosion; vgl. → *grüner Bereich*; im Burnout-Zeitalter inflationär gebrauchte Zustandsbeschreibung;

Bsp.: *Wir arbeiten hier seit Monaten echt am Anschlag.*

anstoßen

etwas beginnen, angehen, anfangen; laut Grimmschem Wörterbuch ursprünglich als «einen Ring an den Finger stoszen» (= anlegen) bezeugt, ab ca. 1860 in der Sportlersprache («Anstoß») heimisch, seit etwa zwei Jahrzehnten bürosprachlich

adaptiert und im übertragenen Sinn in der Wendung *ein Projekt anstoßen* verwendet; vgl. →︎ *anschieben*.
Bsp.: *Für uns ist entscheidend, dass wir jene Dinge anstoßen, auf die wir tatsächlich Einfluss haben.*

auf Augenhöhe
vom Statusgefühl her gleichwertig, gleichberechtigt; mit jemandem gleichberechtigt verhandeln, ohne dass der eine auf- und der andere herabschauen muss.
Bsp.: *Ich möchte, dass wir uns in Zukunft auf gleicher Augenhöhe unterhalten.*
Bedeutet: *Nehmen Sie mich endlich ernst!*

auf dem Radar haben →︎ *Radar*

auf dem Schirm haben →︎ *Schirm*

auf den Weg bringen →︎ *Weg*

auf einer Wellenlänge →︎ *Wellenlänge*

aufnehmen
meist in der Wendung *etwas aufnehmen, eine Idee/einen Vorschlag aufnehmen* = akzeptieren, rezipieren, eine Anregung wahrnehmen und weiterentwickeln; semantische Umdeutung bzw. Erweiterung ursprünglich völlig verschiedener semantischer Varianten: «Christus ward in den Himmel aufgenommen» (Apostelgeschichte 1,2), später «den Fehdehandschuh aufnehmen» (11. Jahrhundert), schließlich «der neue Swirl ist in der Lage, besonders viel Staub aufzunehmen» (21. Jahrhundert); im Modern Business eine beliebte Hinhaltefloskel, um seinem Gesprächs-

partner bei völliger Unverbindlichkeit zumindest ein gutes Gefühl zu geben.

Bsp.: *Ich will gerne versuchen, Ihren Vorschlag konstruktiv aufzunehmen.*

Bedeutet: *Das können Sie glatt vergessen!*

aufschlauen

(sich) informieren, (sich) schlaumachen; Neologismus aus dem Kernmorphem «schlau» (niederdeutsch «slu» =«listig, heimlich lauschend»); früher sagte man «schlaumachen», aber «aufschlauen» klingt kompetenter, denn der Aufschlauende ist bereits schlau und benötigt nur noch ein → *Update*, sprich eine Extraportion Schlauheit; unverzichtbare Zeitgewinnfloskel; auch als Partizip Perfekt Passiv: *aufgeschlaut.*

Bsp.: *Da müsste ich mich vorher noch schnell aufschlauen.*

Bedeutet: *Davon höre ich heute das erste Mal.*

aufs Gleis setzen

ein Projekt anstoßen, auf den → *Weg* bringen; impliziert, dass man etwas aktiv nur bis zum Beginn der Schienen «tragen» muss und es ab da von alleine weiterrollt, was sich → *retrospektiv* zumeist als Trugschluss erweist; metaphorische Floskel mit euphemistischer Tendenz.

aufs Parkett bringen → *Parkett*

auf watch (sein/stehen)

englisch «to watch» = beobachten, genau ansehen; unter gezielter Beobachtung stehen(d), etwas oder jemanden im Blick behalten; in der Probezeit beispielsweise ist man jederzeit *auf watch*, wer oft zu spät kommt oder häufig krank feiert, steht ebenfalls unweigerlich auch *auf watch*; stammt ursprünglich aus der Finanzbranche, wenn Firmen oder Länder herabgestuft werden.

Bsp.: *Das Human Resource Management hat unsere Abteilung auf watch!*

Bedeutet: *Wenn wir nicht bald etwas Vorzeigbares zustande kriegen, wird unsere Abteilung dichtgemacht und wir fliegen alle raus.*

austauschen/Austausch

nicht etwa firmen- oder abteilungsübergreifendes Ausleihen von Mitarbeitern, sondern unverbindliches Gespräch, lockeres Vorfühlen zum «Abklopfen» von Standpunkten; Bedeutungsverschiebung des ursprünglichen lateinischen «(com)mutare» (= vertauschen, verwechseln) bzw. Tauschen von Gegenständen (laut Grimmschem Wörterbuch) in Richtung «Austausch von Meinungen oder Höflichkeitsritualen».

Bsp.: *Darüber sollten wir uns beizeiten mal ausführlicher austauschen.*

Bedeutet: *Es hat mich gefreut, Sie kennenzulernen.*

auswechseln

einen Mitarbeiter entlassen und dessen Stelle neu besetzen; aus dem Sportlerjargon entstammender Euphemismus für eine Kündigung; vgl. → *freistellen.*

Bsp.: *Herr Meier erreicht seine Zahlen nicht mehr, den müssen wir zeitnah auswechseln!*

B

Back-up

englisch = Absicherung, zweite Lösung; Übernahme aus der IT-Sprache (Back-up = Datensicherung, Kopieren von Daten in der Absicht, im Fall eines Datenverlustes auf diese zurückgreifen zu können); eine Art → *Plan B* fürs Business; vgl. → *Fallback-Lösung*.

Bsp.: *Wir brauchen unbedingt noch eine Back-up-Lösung.*

Bedeutet: *Vermutlich geht unser schöner Plan den Bach runter, also setzt euch schon mal hin und überlegt eine Alternative – oder zumindest eine gute Ausrede!*

Ball

businesssprachlich in verschiedenen Wendungen als geflügelte Floskel in Anlehnung an die Sportlersprache anzutreffen, dessen Benutzer sportsmännisch überlegen erscheinen will: *den Ball flach halten* = sich zurückhalten, unnötiges Aufsehen vermeiden, nicht in unnötige Hektik verfallen; *den Ball weitergeben* = einem anderen (freiwillig) das Heft des Handelns überlassen; *sich den Ball aus der Hand nehmen lassen* = sich das Heft des Handelns aus der Hand nehmen lassen (müssen); vgl. auch → *auswechseln*, → *Vertriebsmannschaft*, → *Teamplayer*.

Bsp.: *Ich gebe dann gleich mal den Ball weiter an meine Mitreferentin.*

Baum / Bäume

im Modern Business in den unterschiedlichsten Wendungen anzutreffen: *nicht auf Bäumen wachsen* = nicht von selbst entstehen; *den Wald vor lauter Bäumen nicht sehen* = blind für das allzu Offensichtliche sein; *die Bäume wachsen nicht in den Himmel* = der Erfolg hat Grenzen; beliebte Floskel, die zumeist einen Hang zur Besserwisserei bzw. Schwarzseherei aufweist.

Bedenkenträger

notorischer Bremser; eigentlich ein realistischer Mahner, der bei einem (neuen) → *Projektplan* auf mögliche Probleme hinweist, die aber keiner hören will; vs. → *Begeisterungsträger*; Neologismus mit Tendenz zur Abwertung, denn ein neues Projekt infrage zu stellen, kann auch eine Ausrede dafür sein, dass dem *Bedenkenträger* schlicht die Fähigkeiten zu dessen Umsetzung fehlen.
Bsp.: *Wir müssen aus Bedenkenträgern Begeisterungsträgern machen!*
Bedeutet: *Lasst uns dafür sorgen, dass alle Hurra schreien – auch wenn unser Schiff kurz vor dem Absaufen steht.*

Befindlichkeit(en)

emotionales Maß, Stand des Wohl- bzw. Unwohlfühlens, Seelenzustand; typisch deutsche Wortbildung mit Präfigierung («Be-»), substantiviertem Kernmorphem («finden») und Suffigierung («-keiten»).
Bsp.: *Auf Befindlichkeiten können wir hier keine Rücksicht nehmen.*
Bedeutet: *Ihre Gefühle sind mir vollkommen egal.*

Begehrlichkeiten

Sehnsucht, Unersättlichkeit, Verlangen; in der Verbalform schon im Alten Testament belegt (10. Gebot: «Du sollst nicht begehren deines Nächsten Hab und Gut»).

Bsp.: *Wir wollen hier keine Begehrlichkeiten wecken.*
Bedeutet: *Wir sollten unbedingt verhindern, dass die Mitarbeiter anfangen, Forderungen zu stellen.*

Begeisterungsträger
Visionär (tatsächliches *know-how* ist dabei zweitrangig) oder auch völlig ahnungsloser Macher mit Hang zum Realitätsverlust; vs. → *Bedenkenträger.*

bei Ihnen (sein)
jemandem zustimmen, mit jemandem übereinstimmen, geistig in jemandes Nähe sein; semantisch fragwürdige Verbindlichkeitsfloskel; zumeist mit Adverben wie «ganz», «vollkommen», «wirklich» – oft auch in Kombination – verstärkt.
Bsp.: *Da bin ich wirklich ganz bei Ihnen.*
Bedeutet: *Ich bin zwar grundsätzlich Ihrer Meinung, aber Durchboxen müssen Sie Ihren Vorschlag schon alleine.*

Besorgnis
Befürchtung, Sorge; im Modern Business zumeist als Abschwächungsfloskel mit Überspielungseffekt verwendet.
Bsp. (1): *Ich sehe keinen Grund zur Besorgnis.*
Bedeutet: *Höchste Gefahrenstufe!*
Bsp. (2): *Ich sehe die Entwicklung in unserer Company mit einiger Besorgnis.*
Bedeutet: *Das Kind ist schon längst in den Brunnen gefallen und ich weiß keinen Ausweg mehr.*

bespaßen
jemanden unterhalten, beschäftigen; in der Wendung *den Chef bespaßen* = ihm das Gefühl vermitteln, dass er unverzichtbar bzw. sein persönlicher Beitrag erfolgsentscheidend

ist; in der Wendung *den Kunden bespaßen* = ihn davon ablenken, dass die Präsentation, die seit mehreren Minuten laufen soll, noch gar nicht abgespeichert ist; wortbildungsmäßig eine Zirkumfigierung des Kernmorphems «Spaß»; in immer mehr Firmen stehen «Feelgood-Manager» auf der Gehaltsliste, deren Job es ist, Mitarbeiter durch Events etc. bei Laune zu halten, damit sie eher bereit sind, die → *Extrameile* zu gehen.

Best-Performer → *Performer*

bewegen
meist im übertragenen Sinne: 1. etwas voranbringen, → *anschieben*, 2. entgegenkommen; businesssprachliche Bedeutungserweiterung des ursprünglichen lateinischen «movere» bzw. althochdeutschen «biwegan» (= die Lage eines Gegenstandes verändern) in Richtung «Aufbrechen festgefahrener Meinungen und Strukturen».
Bsp.: *Wir haben hier schon manches bewegt, und wir wollen noch viel mehr bewegen.*
Bedeutet: *Wir werden hier keinen Stein auf dem anderen lassen.*

Boot
geflügelte Floskel zumeist in der Wendung *jemanden mit ins Boot holen* = jemanden in ein Projekt einbinden, von jemandem das → *Agree* einholen, jemanden → *connecten*, damit er sich → *committen* kann; abgeleitet vom englischen «to get someone on board», dem die Metapher eines Bootes zugrunde liegt.
Bsp.: *Wir sollten für dieses Projekt auch die Bedenkenträger mit ins Boot holen.*

Bedeutet: *Wir können uns bei diesem Projekt keine Quertreiber leisten.*

bossy

adjektivierte Ableitung von englisch «boss» = Manager, Parteiführer, das seinerseits auf «baas» (niederländisch = Aufseher, Meister) beruht; im Geschäftsjargon im Sinne von herrisch, bestimmend, dominant, tyrannisch, rechthaberisch; meist unter gleichberechtigten Kollegen salopp bis abwertend verwendeter Anglizismus; vgl. → *pushy*.
Bsp.: *Du kommst aktuell ziemlich bossy rüber!*

Botschaft

aufwertend für: Aussage, Nachricht, Verlautbarung; die Etymologie zieht sich von der «Hiobsbotschaft» (Altes Testament) über die «Frohe Botschaft» (Neues Testament) und althochdeutsch «potascaft» (laut Grimmschem Wörterbuch «Meldung an den König») bis ins 21. Jahrhundert, hier jedoch signifikant profanisiert; im Rahmen der → *Corporate Identity* sollen Statements von Führungskräften möglichst nicht banal erscheinen, sondern eine → *nachhaltige* und → *stimmige* → *Message* (= *Botschaft*) nach außen dringen lassen.
Bsp.: *Wir müssen eine klare Botschaft vermitteln.*
Bedeutet: *Wir müssen irgendwas sagen, das gut klingt und Eindruck macht.*

brainwash(ed)

Gehirnwäsche; aus dem Militärjargon entlehnt; zynisch verwendeter Anglizismus, der gelegentlich auch durch das Präfix «ge-» unvorteilhaft verdenglischt wird; wenn man Umfragen Glauben schenken darf, greift das Gefühl, *ge-*

Natürlich müssen wir den Menschen mit
Klaren Worten erKlären, was wir machen.
Es macht aber auch Keinen Sinn, sie
unnötig zu irritieren.

brainwashed durch die Büroflure zu laufen, bei immer mehr
Arbeitnehmern um sich.

Branding
Aufbau und Weiterentwicklung einer Marke; ursprünglich
war ein Brandzeichen ein eingebranntes Zeichen zur Erken-
nung von Pferden oder Rindern; in der Businesssprache
meist in der Wendung *Employer Branding* (= Arbeitgeber-
markenbildung bzw. unternehmensstrategische Maßnahme) anzutreffen; *Employer Branding* beschreibt die Art,
wie sich ein Unternehmen im Arbeitsmarkt als Arbeitgeber
darstellt bzw. im besten Fall von der Konkurrenz abhebt.

Bsp.: *Das Ziel unseres Employer Branding-Konzeptes besteht im Wesentlichen darin, aufgrund der erhofften Marketingwirkung die Effizienz der Personalrekrutierung als auch die Qualität der Bewerber dauerhaft zu steigern.*

Bedeutet: *Wenn wir uns nach außen hin besser darstellen, hätten wir vielleicht auch eine Chancen, bessere Mitarbeiter zu finden.*

Brett

in verschiedenen Wendungen als geflügelte Floskel anzutreffen: *ein dickes Brett bohren* = große Anstrengungen unternehmen, eine schwierige Aufgabe erledigen (wer zu schnell aufgibt, ist ein *Dünnbrettbohrer*); *einen Stein im Brett haben* = bei jemandem beliebt sein, auf jemandes Unterstützung zählen können; *ein Brett vor dem Kopf haben* = begriffsstutzig sein.

Bsp.: *Diese wahrlich dicken Bretter haben wir insgesamt nun fast zweieinhalb Jahre lang gebohrt.*

briefen

von englisch «brief» = kurz; bürosprachlich: jemanden instruieren, damit dieser seinen Job machen kann; auch in substantivierter Form: *Briefing*; denglische Floskel mit hohem Wichtigtuereffekt, hat nur noch selten etwas mit dem Ursprung des Wortes (= kurz) zu tun, da zumeist mit seitenlangen Mails oder mehrstündigen/-tägigen Konferenzen *gebrieft* wird.

busy

englisch = beschäftigt, fleißig, arbeitsreich; vgl. → *pushy*; anglizistische Zeitgewinnungsfloskel.

Bsp.: *Bin gerade total busy, ich rufe Sie zurück.*

C

canceln

absagen, abblasen, abbrechen; nicht nur im Sinne von «stornieren», sondern auch eine Geschäftsbeziehung beenden, jemandem die Zusammenarbeit aufkündigen; Anglizismus mit Signalfaktor: Nachdem er gefallen ist, folgt oft unweigerlich Ärger.

Bsp.: a) *Der Flug ist gecancelt.* b) *Die Gehaltsrunde wurde gecancelt.* c) *Die Übernahme wurde gecancelt.*

challengen

von englisch «challenge» = Wettkampf; im Modern Business: 1. herausfordern, 2. prüfen, hinterfragen, anzweifeln; denglische Stressfloskel mit fragwürdiger Eindeutschung durch Suffix («-en»); vgl. → *connecten,* → *committen,* → *supporten.*

Bsp.: *Uns geht es darum, dass sich unsere Mitarbeiter in Bezug auf Innovations- und Kommunikationsfähigkeiten kritisch-konstruktiv challengen.*

Bedeutet: *Die sollen sich schön gegenseitig zerfleischen. Wir schauen dann, wer am Ende übrig bleibt.*

Change(-Prozess)

Veränderung, Wechsel; Mantra und Zauberformel moderner Unternehmenskultur bzw. Personalentwicklung: Wer Karriere machen will, sollte bereit sein, an seinem Charakter zu «schrauben» bzw. andere daran «schrauben zu lassen». In der Personalersprache heißt das *Personality-Change-Prozess* («Persönlichkeitsanpassungsprozess»); auch die

35

→ *Corporate Identity* kann gegebenenfalls *gechanged* werden; vgl. → *Adaptionsprozess*, →*Transformationsprozess*.
Bsp.: *Unser Personality-Training bereitet Sie auf Ihren persönlichen Change-Prozess vor und hilft Ihnen, die gegebenen Zutaten zu beurteilen und die richtige Rezeptur zu ermitteln.*

checken
englisch «to check» = kontrollieren, überprüfen; businesssprachlich: 1. verstehen, begreifen, 2. etwas überprüfen, kontrollieren; zuerst seit den 1980er Jahren in der Jugendsprache in dieser Bedeutungsveränderung belegt, seit der Jahrtausendwende in den Businesstalk übernommen.
Bsp.: *Können Sie bitte mal checken, ob die Zahlen wirklich stimmen?*
Bedeutet: *Die Zahlen sind falsch, aber ich weiß nicht, in welche der 50 Exceltabellen sich der Fehler eingeschlichen hat.*

«Ich würde vorschlagen: Alle, die ihre Meinung dazu sagen wollen, committen sich jetzt mal gleichzeitig, so können wir am Ende des Tages ungemein Zeit im Abstimmungsprozess sparen.»

Zitat «Stromberg»

committen, sich
lateinisch «com-mittere» = mit-schicken, englisch «to commit» = übereinstimmen, zustimmen; im Geschäftsleben bedeutungstransferiert im Sinne von «etwas mittragen», «etwas genauso sehen»; als Nominalform (*commitment*) erstmals bei Shakespeare («King Lear», 2. Akt) belegt; seit der Weltwirtschaftskrise 1929 in den USA businessmäßig Einzug erhalten («stock exchange commitment»); in eingedeutschter Form

(durch Suffix «-en») auch in der deutschen Bürosprache
→ *angekommen*.
Bsp.: *Die müssen sich erst committen, ehe wir sie supporten.*

connecten

englisch «to connect» = verbinden; vgl. → *kurzschließen*;
durch das Suffix «-en» eingedeutschter Anglizismus; vgl.
→ *committen*, → *challengen*, → *supporten*.
Bsp.: *Wir sollten uns dazu noch mal connecten.*
Bedeutet in etwa das Gleiche, wie wenn man zu Freunden,
die wegziehen, sagt: «Lass uns in Kontakt bleiben.»

Content

ursprünglich lateinisch «contentare» = zufriedenstellen; das
englische «content» (= Gehalt, Inhalt) ist bereits eine Bedeutungserweiterung, die im Modern Business fortgesetzt
wird; hier bezeichnet *Content* heute alles, was auf Home-
pages steht und keine eindeutig gekennzeichnete Werbung
ist; da eine optimierte *Content*-Strategie immer wichtiger
wird, verkommt die Vokabel zusehends zur Universalfloskel (*Content*-Cleaning, *Content*-Marketing, *Content*-
Produzent, *Content*-Mafia, *Content*-Industrie, open *Con-
tent*); Sascha Lobo twitterte hierzu: «Inhalte nennt man immer dann *Content*, wenn jemand damit Geld verdienen
will.»

Corporate Identity

von englisch «corporation» = Gesellschaft, Firma und
«identity» = Identität; Firmenphilosophie, (ethisches) Leitbild; beruht auf der Vorstellung, Firmen würden als soziale
Systeme wie Personen wahrgenommen und könnten ähnlich handeln, insofern ist es Teil der U-Com (= Unterneh-

menskommunikation), eine solche Identität zu → *generie-ren*; vgl. → *Philosophie*.
Bsp.: *Ihr Außenauftritt ist mit unserer Corporate Identity nicht vereinbar.*

Credibility
ursprünglich lateinisch «credere» = glauben; 1. Glaubwür-digkeit, 2. Plausibilität; aus dem angloamerikanischen Ban-kensektor (Credits) adaptiert; elitär klingender Anglizismus mit Wichtigtuereffekt.
Bsp.: *Unser Unternehmen hat auf diesem Sektor wenig Cre-dibility.*
Bedeutet: *Wenn uns da jetzt nichts Zündendes einfällt, sind wir am Ende.*

crossfunktional
englisch-lateinischer Sprachzwitter aus englisch «cross» = Kreuz und lateinisch «fungari» = verrichten, erreichen; bu-sinesssprachlich: funktions-, bereichs-, disziplinübergrei-fend; schwammig, unklare Wichtigtuerfloskel; auch als *crossdivisional* im Umlauf.
Bsp.: *Unsere Teams sind durchwegs crossfunktional aufge-stellt.*
Bedeutet: *Bei uns geben Krethi und Plethi überall ihren Senf dazu und am Ende wird alles zerredet.*

D

Dampf

Kraft, *Power*; in den Wendungen: *Dampf aufnehmen,
Dampf ablassen* oder *Dampf rausnehmen*; spätestens seit
der Erfindung der Dampfmaschine durch Thomas New-
comen (1712, oft fälschlicherweise James Watt zugeschrie-
ben, der den Prototypen lediglich verbesserte) wird auch in
Büros immer wieder Druck aufgebaut und je nach Bedarf
Dampf raus- bzw. wieder aufgenommen.
Bsp.: *Wir müssen hier unbedingt etwas Dampf rausnehmen,
sonst fahren wir das Ding an die Wand.*

darstellen

umgangssprachlich zumeist im Sinne von «sich selbst oder
etwas auf eine bestimmte Art präsentieren»; businesssprachlich ist *etwas nicht darstellen können* ein Euphemismus für «es rechnet sich nicht», «es lohnt sich nicht».
Bsp.: *Dieses Projekt lässt sich in dieser Form leider nicht darstellen.*
Bedeutet: *Wir lehnen dieses Projekt rundherum ab.*

Deadline

englisch für «Todeslinie»; im Geschäftsleben: 1. Endtermin,
Abgabetermin, Stichtag, 2. Schwellenwert, der nicht unter-
schritten werden darf (z. B. bei Aktienkursen); stammt aus der
Zeit um 1860 und bezeichnete den Todesstreifen um ein Ge-
fängnis, bei dessen Überschreiten sofort geschossen wurde;
seit 1920 zum ersten Mal im Zeitungsjournalismus, um den
letztmöglichen Termin zu bezeichnen, zu dem die Druckzei-

len (englisch «lines») in die Setzerei gegeben werden konnten.
Bsp.: *Das ist aber wirklich eine sehr ehrgeizige Deadline.*

Deckel drauf machen / zumachen

eine Sache abschließen, eine Diskussion abschließend beenden; Eindeutschung des amerikanischen Super-Bowl-
Schlachtrufs «to score the winning goal».
Bsp.: *Wir sollten da jetzt mal langsam den Deckel drauf
machen.*
Bedeutet: *Wehe, nächste Woche fängt wieder jemand mit
dem Thema an!*

deeskalieren → *eskalieren*

de facto

lateinisch «facere» = machen, tun, ausüben, errichten, er-
bauen («factum» bezeichnete als Partizip Perfekt Passiv ursprünglich eine «Tatsache»); businesssprachlich: tatsächlich,
wirklich, nach Lage der Dinge; Füllphrase mit Tendenz zur
Verstärkung des Gesagten (auch: *faktisch*).
Bsp.: *Wir brauchen de facto einen besseren Außenauftritt.*
Bedeutet: *Ich weiß auch nicht, ob uns ein besserer Außenauftritt weiterhilft, aber mit irgendwas müssen wir ja
schließlich anfangen.*

definitiv

von lateinisch «definitivus» = entscheidend; neusprachli-
che Bedeutungserweiterung in Richtung «abschließend»,
«endgültig», «unumstößlich»; unverzichtbare Verbindlichkeitsfloskel, die wilde Entschlossenheit demonstrieren soll;
Bsp.: *Wir müssen definitiv das Vertriebsproblem angehen.*
Bedeutet: *Schau'n mer mal.*

Wir stehen hier vor fundamentalen Herausforderungen. Ich weiß noch gar nicht, an wen ich das delegieren kann!

delegieren

lateinisch «delegare» = zuweisen, übertragen (oder auch «deligere» = auswählen); als etymologischer Grundstock fungiert «legare» (= eine gesetzliche Verfügung treffen, testamentarisch bestimmen); seit dem 20. Jahrhundert Bedeutungserweiterung in Richtung «etwas von seinem Verantwortungsbereich abgeben», «eine Aufgabe an einen

Mitarbeiter übertragen», «sich selbst entlasten»; im Geschäftsleben ist die Fähigkeit zu delegieren eine wichtige Karrierevoraussetzung.

differenziert

ins Detail gehend, tief gehend, um Tiefgang bemüht; von lateinisch «differenzia» (= 1. Unterschied, 2. Genauigkeit); Universalfloskel mit Wichtigtuereffekt; vs. → *undifferenziert.*
Bsp.: *Betrachten wir das Ganze doch mal etwas differenzierter.*
Bedeutet: *Mit unserer gewohnt oberflächlichen Art kommen wir hier anscheinend nicht weiter.*

diffizil

lateinisch «difficilis» = schwer (bezogen auf ein Gewicht), schwierig (bezogen auf eine Aufgabe); businesssprachlich: 1. schwierig, kompliziert, komplex, 2. problematisch, verfänglich, zweischneidig; im Modern Business stößt man nicht auf Probleme oder gar persönliche Grenzen, sondern auf *diffizile* Sachverhalte; der Latinismus suggeriert, dass die Aufgabe eigentlich unlösbar ist und es nicht an der Inkompetenz des Mitarbeiters liegt.
Bsp.: *Dieser Sachverhalt gestaltet sich etwas diffiziler als vermutet.*
Bedeutet: *Da tut sich gerade ein ganzer Berg von Problemen auf, die ich vorher gar nicht bedacht hatte.*

drauf...

in diversen Wendungen anzutreffen: *draufpacken, draufsatteln, draufsetzen* und *drauflegen*; Universalpartikel mit hohem Stressfaktor; besonders häufig in der Wendung *eine*

Schippe drauflegen = sich (besonders) anstrengen, mehr als bisher tun; beliebte Antreiberfloskel, wenn → *Schluss mit lustig* ist oder → *Leistungsreserven* aktiviert werden müssen; vgl. auch → *Gang* hochschalten.

Drive
englisch «drive» = Fahrt, Schwung; Anglizismus, der zumeist eine Bedeutungsverengung in Richtung «Dynamik» aufweist und dem Sprachschatz der besonders Begeisterungsfähigen zuzuordnen ist.
Bsp.: *Wie es aussieht, fehlt hier aktuell der rechte Drive.*

dynamisch → *prodynamisch*

E

ehrgeizig

besonders strebsam, anspruchsvoll, eifrig, leistungswillig; Ehrgeiz ist Gegenstand moralphilosophischer, psychologischer und pädagogischer Betrachtung und geht etymologisch auf «Ehre» (mittelhochdeutsch «ere») und «Geiz» (althochdeutsch «gite») zurück; gemeint ist jedoch die veränderte, mittelalterliche Bedeutung «ehrgierig» (Grimmsches Wörterbuch: «ehrgirige Ritter stehet ab!»), also «nach Ehre gieren», nicht «mit Ehre geizen»; vgl. → *ambitioniert.*
Bsp: *Wir wollen hier ehrgeizige Ziele verwirklichen.*

eingebunden

laut Grimmschem Wörterbuch ursprünglich als «eingebundenes Buch»; umgangssprachlich: an etwas teilnehmen, teilhaben; im Businesstalk als Beliebigkeitsfloskel bestens etabliert, um einen nicht näher definierten Zustand des gemeinsamen Arbeitens oder der gemeinsamen Verantwortung zu bezeichnen.
Bsp.: *In diese Entscheidung sind wir hier alle unmittelbar eingebunden.*
Bedeutet: *Wenn wir den Karren in den Dreck fahren, sind wir alle gemeinsam dran.*

Einlauf

meist in der Wendung *jemanden einen Einlauf verpassen* = jemanden ausgiebig tadeln, jemanden zurechtweisen (oft laut); Anleihe aus dem Medizinjargon: Ein *Einlauf* (Klistier, Klysma) bezeichnet das (als unangenehm empfun-

dene) Einleiten einer Flüssigkeit in den Darm, um hartnäckige Verstopfung aufzulösen; etymologisch seit Hippokrates von Kos (460–377 v. Chr.) belegt (griechisch «enema»); seit Jahrzehnten als Bürofloskel ein Dauerbrenner.
Bsp.: *Heute hat mir der Chef einen ordentlichen Einlauf verpasst.*

ein Stück weit
unkonkret für «ein bisschen, ein (klein) wenig»; schwammig-unklare Verlegenheitsfloskel für diejenigen, die sich nicht gerne festlegen wollen.
Bsp.: *Damit kann ich mich ein Stück weit identifizieren.*
Bedeutet: *Später kann ich immer noch sagen, ich hatte ja von Anfang an meine Zweifel – oder, ich war von Anfang an dafür.*

eins zu eins
ganz genau so, exakt; «mutatis mutandis» ins Modern Business transferiert; einigermaßen glanzlose Verstärkungsfloskel mit Auffülleffekt.
Bsp.: *Das machen wir alles wieder eins zu eins wie beim letzten Mal.*
Bedeutet: *Wir machen das wie immer – irgendwie.*

Employability
wörtlich: «Beschäftigungsfähigkeit», von englisch «to employ» = verdienen, beschäftigt sein und «ability» = Fähigkeit; businesssprachlich: 1. Eignung, ein Arbeitsverhältnis zu meistern, 2. Vermittlungsfähigkeit, 3. sich physisch und psychisch fit halten für die Berufswelt von morgen; vielseitig einsetzbarer Anglizismus.
Bsp. (1): *Wie ist es um Ihre Employability bestellt?*

Bsp. (2): *Was haben Sie heute schon für Ihre Employability getan?*

(am) Ende des Tages

letztlich, letzten Endes, unterm Strich, am Schluss eines Prozesses; aufblähende Floskel mit Nähe zum Füllwort, zugleich Zeitgewinnungsfloskel, um Argumente des Gegenübers abzuwürgen oder in → *sinnfreien* Endlos-Diskussionen einen → *finalen* Schlusspunkt zu setzen.

Bsp.: *Natürlich ist unser Milliardenverlust nicht schön, aber wir hoffen darauf, dass wir am Ende des Tages auf den Staat zählen können.*
(Commerzbank-Vorstandschef Martin Blessing)

Engagement-Level

Grad der Einsatzfreudigkeit, Einsatzstärke; besonders → *proaktiv* klingender Anglizismus mit der Zielsetzung, Mitarbeiter anzutreiben.

Bsp.: *Was das Engagement-Level angeht, ist auf jeden Fall noch Luft nach oben.*

entschleunigen

verlangsamen, das Tempo (im schnelllebigen Business) drosseln; extrem zeitgeistiger Neologismus.

Bsp.: *Sie müssten den Werktag entschleunigen und Möglichkeiten finden, Ihre Gedanken zu sammeln.*

entspannt → *tiefenentspannt*

Erfolgskette
fruchtbares Zusammenwirken mehrerer Einzelbestandteile; im Modern Business sollen sich die Glieder der Erfolgskette, sprich die einzelnen Mitarbeiter oder Abteilungen, oftmals → *challengen* bzw. → *proaktiv* einbringen.
Bsp.: *Die Erfolgskette führt von der Kundenorientierung über Kundenzufriedenheit und Kundenbindung zum ökonomischen Erfolg.*

ergebnisoffen
nicht von vornherein auf ein bestimmtes, zu erzielendes Ergebnis festgelegt; aus dem Diplomaten- und Politikerjargon herübertransferierte Zeitgewinnfloskel, wenn man bei jemandem andocken, sich aber nicht festlegen will.
Bsp.: *Trotz der bisherigen Erfolglosigkeit steht das Unternehmen der ganzen Sache nicht negativ, sondern durchaus ergebnisoffen gegenüber.*

ergebnisorientiert
von lateinisch «orientari» = sich zurechtfinden; zielführend, vielversprechend; eine Sonderform ist *ergebnisrelevant*; da es in der Natur der Sache liegt, dass (berufliches) Handeln auf ein Ergebnis hin gerichtet ist, extrem hoher Floskelfaktor; vs. → *ergebnisoffen*.
Bsp.: *Wir suchen hoch motivierte und hoch talentierte Mitarbeiter, die ergebnisorientiert im Team arbeiten.*

erstaunt
euphemistisch für: verärgert, befremdet (sein); Reaktion auf etwas Unerwartetes, das nicht der Norm entspricht; das ur-

sprüngliche «Staunen» (griechisch «θαυμάζειν» = «thauma-zein») der Vorsokratiker – das den Beginn allen Philoso-phierens markiert – wird damit semantisch auf den Kopf gestellt; häufig mit Steigerungspartikeln (etwas, einigerma-ßen, ziemlich, sehr, außerordentlich) verwendet; vgl. auch → *verwundert,* → *irritiert.*
Bsp.: *Wir sind sehr erstaunt über Ihre Herangehensweise.*
Bedeutet: *Wie konnten Sie nur so stümperhaft vorgehen!*

erster Aufschlag
erster Versuch; Anleihe aus dem Tennisjargon, wo man nach einem Fehlversuch («fault») noch einen zweiten Schlag hat («second service»); businesssprachlich prophylaktisch ein-gesetzt, um möglicher Kritik *a priori* den Wind aus den Se-geln zu nehmen.
Bsp.: *Ich will mal einen ersten Aufschlag machen …*

eskalieren (lassen)
von lateinisch «scala(e)» = Treppe, Leiter bzw. englisch «escalator» = Rollstreppe; sich steigern, ausufern, ausarten, aus dem Ruder laufen; Verbalisierung von «Eskalation» (= Zuspitzung); rasche Verbreitung seit 1960, zunächst aus-schließlich im politischen oder militärischen Kontext; seit den 1980er Jahren auch im Geschäftsleben geläufig; vs. *deeskalieren.*
Bsp.: *Eine der besten Lösungen für Kundenprobleme be-steht darin, Vorgänge bei Bedarf eskalieren zu lassen.* (www.salesforce.com)

explizit
lateinisch «explicitus» = leicht auszuführen, einfach, ohne Schwierigkeiten; umgangssprachlich: ausdrücklich, klar,

deutlich; businesssprachlich: ausführlich dargestellt; Verstärkungsfloskel ohne → *kriegsentscheidende* Sinnhaftigkeit.
Bsp.: *Hatten wir uns im Vorstellungsgespräch nicht explizit über Ihren Tätigkeitsbereich ausgetauscht?*

Extrameile
besonders hoher (Arbeits-)Einsatz; Zusatzarbeit, um ein Maximum zu erreichen; Euphemismus für Überstunden; Entlehnung aus dem Kapitänsjargon, wo es nicht auf die eine oder andere zusätzliche Meile ankommt; Einschüchterungs- bzw. Stressfloskel mit Kosmetikeffekt.
Bsp.: *Ich will, dass wir die Extrameile gehen, um ein optimales Ergebnis zu erreichen.*
Bedeutet: *Jetzt heißt es, Überstunden, Überstunden, Überstunden…*

F

Fahnenstange

meist in der Wendung *das Ende der Fahnenstange ist erreicht*; abgeleitet vom Flaggenzeremoniell, bei dem man eine Fahne niemals höher hissen kann, als der Mast lang ist; stark kontextabhängige Floskel: Ist in der jeweiligen Bildsprache das Ende der Fahnenstange erreicht, handelt es sich um eine geflügelte Floskel, die darauf anspielt, dass man schon (zu) viele Zugeständnisse gemacht hat und der Sprecher versucht in einer → *sinnfreien* Endlos-Diskussion einen Schlusspunkt zu setzen; ist das Ende der Fahnenstange (angeblich) noch nicht erreicht, so handelt es sich um eine Stressfloskel, auf die zumeist eine Aufforderung folgt, in der die Einschüchterungs- und Stressfloskeln → *Extrameile* oder eine Schippe → *drauflegen* zum Einsatz kommen.

Bsp. (1): *Für uns ist hier das Ende der Fahnenstange erreicht.*
Bedeutet: *Ich werde an dieser Stelle die Diskussion abbrechen und meine Bemühungen einstellen.*

Bsp. (2): *Hier ist das Ende der Fahnenstange längst noch nicht erreicht – wir müssen nur alle noch mal eine Schippe drauflegen!*
Bedeutet: *Da ist bestimmt noch mehr rauszuholen – und das werden wir jetzt mit allen Mitteln versuchen.*

Fahrwasser

multisemantische Universalfloskel: 1. *in das richtige Fahrwasser gelangen* = (wieder) in Ordnung kommen, ins normale Leben zurückfinden; 2. *in verkehrtes Fahrwasser geraten* = auf dem falschen Weg sein; 3. *in jemandes Fahrwasser geraten* = unter jemandes Einfluss geraten, jemandem dazwischenfunken; Anleihe aus der Navigationsfachsprache, in der Fahrwasser die oft recht schmale Fahrrinne im Strom ist, in der die Schiffe hintereinander herfahren.

faktisch → *de facto*

Fallback-Lösung
wörtlich: «Rückfall-Lösung»; eine Art «automatisches Back-up», → *Plan B*; der Begriff *Fallback* stammt aus der Informatik und bezeichnet dort eine Rücksetzung auf einen vorherigen Zustand für den Fall des Ausfalls eines Systems; vgl. → *Back-up*.
Bsp.: *Sollte es mit dem Projekt nicht so laufen wie geplant, haben wir eine Fallback-Lösung parat.*
Bedeutet: *Das wird eh nicht so laufen, wie wir uns das vorstellen, daher haben wir uns auch gleich eine realistische Alternative überlegt.*

Feedback
englisch «to feed» = zuführen, mit Nahrung versorgen, füttern (aus mittelenglisch «fedan», altenglisch «fadan»); neuzeitlich, speziell im Geschäftsleben: faire, → *kritisch-konstruktive* Rückmeldung; besonders beliebt ist das *360-Grad-Feedback*, dessen Ursprung bei der Wehrmacht liegt, wo es – quasi als Vorläufer des heutigen Assessment-Centers – zur Auswahl von Offiziersanwärtern eingesetzt wurde; auch als denglisches Verb (*feedbacken*) anzutreffen; besonders zu beachten: *Feedback* muss angemessen, brauchbar, zeitnah und nicht wertend sein; der Empfänger muss es dankbar annehmen und bereitwillig daraus lernen.

final

von lateinisch «fina» = Ende, Ziel bzw. englisch «final» = Endspiel; abschließend, endgültig, zielgerichtet; aus der Medizin («Krankheit im finalen Stadium») und der Rechtsprechung (hier ist jedoch der «finale Todesschuss» nicht etwa ein «endgültiger Todesschuss», sondern ein auf die Tötung abzielender Schuss) ins Geschäftsleben herübergeschwappt; kann als Verbindlichkeitsfloskel (*Um in dieser Frage zu einer finalen Entscheidung zu kommen ...*), aber auch als Zeitgewinnungsfloskel mit Kosmetikeffekt (*Das können wir derzeit noch nicht final entscheiden*) verwendet werden.

Fisch

in den Wendungen: *fauler Fisch* = dumme Ausrede; *dicker/ großer Fisch* = großer Auftrag; *der Fisch stinkt vom Kopf her* = die Ursache des Problems liegt beim Chef; *der Fisch ist geputzt* = alles ist gut über die Bühne gegangen; *nicht Fisch, nicht Fleisch* = unentschieden, undefiniert.

fit

etymologisch vom Altnordischen «fitja» (= zusammenknüpfen) hergeleitet und dann im Altenglischen adaptiert («to fit» = einfügen, einordnen); bürosprachlich: 1. leistungsfähig, gesund, 2. passend geeignet, tauglich, fähig; im «survival of the fittest» des Modern Business ist *Fitness* ein wesentlicher Aspekt der → *Employability*.
Bsp.: *Wir sind fit für die Märkte der Zukunft.*

flankieren

lateinisch «vagari» (später französisch «flanquer») = die Seitenflügel absichern, von der Seite angreifen; businesssprach-

lich: begleiten, unterstützen, jemandem zur Seite stehen; geht zurück auf das Römische Reich, wo die Legionäre mit Hilfe flankierender («vagari») Truppenteile ihre Feinde unterwarfen; später von der Sportlersprache und dann vom Business adaptiert; vgl. → *Vertriebsmannschaft*, → *auswechseln*, gut im → *Rennen* liegen; auch als Adverb (*flankierend*) anzutreffen.
Bsp.: *Wir sollten unsere Vertriebsmannschaft noch mit zusätzlichen proaktiven Teamplayern flankieren.*

Flexibility
von lateinisch «flexibilis» = biegsam, lenkbar, geschmeidig; im Geschäftsleben: geistige Beweglichkeit, anpassungsfähiges Verhalten; ursprünglich in Physik und Technik beheimatet («flexible Stoffe», «flexible Anordnung»), im Sinne von «biegsames Denken» erst seit 1968 gängig; Plattitüde für angeblich → *proaktives* Denken.
Bsp.: *Wir brauchen in diesem Sektor deutlich mehr Flexibility.*

fokussieren
lateinisch «focus» = Zentrum der Feuerstätte, Informationskern, Mitteilungsschwerpunkt; ursprünglich in der Physik beheimatet (Lichtstrahlen in einem Brennpunkt vereinigen bzw. zusammenführen/bündeln); meist in der Wendung *sich auf etwas fokussieren* = alle Energie und Aufmerksamkeit auf etwas Wesentliches richten, sich auf das Wichtigste → *konzentrieren*; da vieles lange ohne Resultat *im Fokus* bleiben kann, handelt es sich um eine Universalfloskel ohne zeitliche Beschränkung.
Bsp.: *Wir werden uns zukünftig stärker auf den Vertrieb fokussieren.*

Bedeutet: *Bisher haben wir uns viel zu wenig um den Vertrieb gekümmert.*

fraglos / ohne Frage

selbstverständlich, auf jeden Fall, unbestritten; wortbildungsmäßig eine Adjektivierung des Nomens «Frage» (von althochdeutsch «fraga» bzw. mittelhochdeutsch «vrage»), eines der ältesten deutschen Substantive überhaupt; businesssprachlich eine Verbindlichkeitsfloskel mit Auffülleffekt; vgl. → *zweifellos.*
Bsp.: *Ihre Idee ist ohne Frage nicht schlecht.*
Bedeutet: *Vergessen Sie's einfach!*

freischaufeln

Zeit frei halten, ein → *Zeitfenster* finden; klassische Bedeutungsveränderungsfloskel.
Bsp.: *Mal sehen, ob ich mir da noch ein paar Tage freischaufeln kann.*
Bedeutet: *Ich habe keine Lust und spekuliere darauf, mich mit zu viel Arbeit herausreden zu können.*

freistellen

stark kontextabhängige Floskel, da ein erheblicher Unterschied darin besteht, ob man *jemandem etwas freistellt* (in diesem Fall kann er selbst über etwas entscheiden) oder ob *jemand freigestellt wird* (welches einen zynischen Euphemismus für eine Kündigung darstellt); in der zweiten Wendung ist diese Bedeutungsveränderungsfloskel eines der deutlichsten Beispiele für die manipulative Intention und die Verschleierungstaktik moderner Bürosprache; ein weiterer relevanter Unterschied besteht in der Position des Angesprochenen, denn wenn höhere Angestellte freigestellt werden, bedeutet dies zumeist, dass ihnen «erlaubt» wird, fortan «frei» zu sein, die Vergütung jedoch erhalten bleibt.

Bsp. (1): *Das ist Ihnen freigestellt.*
Bedeutet: *Das können Sie selbst entscheiden.*
Bsp. (2): *Sie sind freigestellt.*
Bedeutet: *Sie sind gefeuert.*

funktional → *crossfunktional*

G

Gang

metaphorische Floskel in Anlehnung an die Gangschaltung eines Fahrzeuges; bürosprachlich in den Wendungen *einen Gang zulegen* bzw. *hochschalten* oder *in die Gänge kommen* = endlich mal etwas tun; im Modern Business als Antreiberfloskel verwendet, die mit dem schlechten Gewissen des Angesprochenen spekuliert; vgl. Schippe → *drauflegen*.

geerdet

gesunde Bodenhaftung aufweisend, mit beiden Beinen auf dem Boden der Tatsachen stehend; Partizip Perfekt Passiv von «erden»; Anleihe aus der Elektrikerfachsprache: korrekt *geerdete* elektrische Leitungen verhindern Kurzschlüsse, was hingegen nicht *geerdet* ist, kann einem leicht um die Ohren fliegen; wer nicht *geerdet* ist, dem kann die Realität einen symbolischen Schlag verpassen.

Bsp.: *Wir sind hier ganz geerdet beim FC Bayern.*

(Vorstandsvorsitzender Karl-Heinz Rummenigge)

gegensteuern / gegenlenken

etwas in eine andere / bessere Richtung bringen; abgeleitet vom Gegenlenken des Autofahrers auf schneeglatter Fahrbahn; ins Geschäftsleben transferiert, wo ständig irgendwo gegengelenkt wird; im Business geht zumeist ein → *Change-Prozess* voraus, der jedoch oft so viel Zeit in Anspruch nimmt, dass es für das Gegensteuern schon fast zu spät ist.

Bsp.: *Liebe Kollegen, 2013 war ein schwieriges Jahr. Dennoch ist es mir mit meinem Team gelungen, entschlossen gegenzusteuern.*
Bedeutet: *Meinen Bonus habe ich mir so was von verdient.*

generieren
von lateinisch «generare» = etwas erzeugen, anfertigen, erstellen, hervorbringen, aus dem Nichts hervorzaubern; Übernahme ins Modern Business mit Schwerpunkt auf dem Aspekt des Hervorzauberns.
Bsp.: *Wir müssen neue Absatzmärkte generieren.*
Bedeutet: *Last euch was einfallen, wie ihr die Verkaufszahlen steigern könnt.*

gesundschrumpfen
ein Unternehmen sanieren; semantisch-etymologisch auf den schrumpfenden Tumor zurückzuführen, was letztlich wieder gesund macht; was auf der einen Seite der Arzt ist, ist auf der anderen der Stellenabbau, in beiden Fällen wird massiv in sein bestehendes System eingegriffen; zynischer Euphemismus mit manipulativer Intention für Massenentlassung; vgl. → *freistellen,* → *verschlanken.*
Bsp.: *Wir müssen das Unternehmen dringend gesundschrumpfen.*
Bedeutet: *Wir werden uns von 30 Prozent der Belegschaft verabschieden.*

Get-together
englisch für Zusammenkunft; lockeres Beisammensein unter Kollegen, auf das die Hälfte der Anwesenden keine Lust hat, die andere Hälfte betrinkt sich und feiert ihre eigene Großartigkeit.

Wenn es irgendwelche Probleme gibt, können Sie mich jederzeit fragen, aber halten Sie mich aus dem operativen Geschäft bitte raus!

Bsp.: *Hiermit erfolgt eine Einladung zu einem kritisch-konstruktiven Get-together.*

grüner Bereich

alles in Ordnung, alles unter Kontrolle, keine beunruhigenden Vorkommnisse; abgeleitet von der analogen Messtechnik, wonach Maschinen, Automaten und Kontrollgeräte mit grünen Kontrolllämpchen ausgestattet sein sollen, die für den Normbereich stehen bzw. «o.k.» signalisieren, während

ein rotes Lämpchen für Alarm steht; metaphorische Floskel, die zumeist euphemistisch verwendet wird, um auszudrücken, dass etwas «gerade noch nicht» im roten Bereich ist.
Bsp.: *Momentan liegen wir noch im grünen Bereich.*
Bedeutet: *Wenn wir jetzt nicht aufpassen, werden wir dieses Projekt an die Wand fahren.*

H

händeln

etwas handhaben, beherrschen, in den Griff bekommen; semantisch unklare Mischform zwischen «handhaben» und «handeln»; bereits im 14. Jahrhundert als mittelhochdeutsch «haldeln» belegt, später wurde das «l» durch «n» ersetzt und die Hansestädte hatten «ihre» Vokabel; im weiteren Verlauf im angloamerikanischen Raum aufgenommen und zuletzt wieder zwittermäßig zurückgedeutscht.

Bsp.: *Ich kann das durchaus händeln.*

Bedeutet: *Ich habe Mist gebaut, werde aber alles in meiner Macht Stehende tun, um meinen Job nicht zu verlieren.*

Handlungsbedarf / Handlungsdruck

Notwendigkeit, etwas zu tun; speziell im Versicherungs-, Pharma- und Beratungswesen beheimatete Stressfloskel mit hohem Trendfaktor.

Bsp.: *Über die unmittelbaren Sanierungsmaßnahmen hinaus gab und gibt es wegen struktureller Probleme weiteren Handlungsbedarf.*

Hausnummer

ungefähre Angabe, grobe Schätzung; ursprünglich: numerische Bezeichnung für ein Gebäude (die ersten Hausnummern stammen aus der frühen Neuzeit in Paris, in Deutschland sind sie zuerst 1519 bei den Fuggern in Augsburg belegt).

Bsp.: *Was wollen Sie denn in etwa verdienen – nur damit wir mal eine ungefähre Hausnummer im Raum stehen haben.*

herunterbrechen

wörtlich: (ab)brechen, nach unten fallen; bürosprachlich: etwas allgemein Gefasstes auf einen konkreten Fall übertragen, vom Abstrakten ins Konkrete gehen, etwas greifbar machen; Bedeutungsveränderungsfloskel mit Tendenz zum Vortäuschungseffekt.

Bsp.: *Wir sollten im Vertriebsfolder die Inhalte auf die Bedürfnisse unserer Kunden herunterbrechen.*

High-Level-View

Überblick, große Übersicht, Distanzsicht; die «Vogelperspektive» stellt durch den Blick von oben (nicht von oben herab!) komplexe Sachverhalte in einem Gesamtüberblick dar, ohne sich im Detail zu verlieren; vorzugsweise in Medienunternehmen sowie in der Finanzdienstleistung gebräuchlicher Anglizismus.

Bsp.: *In dieser Position brauchen Sie einen High-Level-View, wenn Sie sich im rauen Marktumfeld gewinnbringend positionieren wollen.*

High-Performer

englisch «high» = hoch, groß, «to perform» = ausführen, verrichten, durchführen, darstellen; bürosprachlich: extrem belastbarer Leistungsträger, der länger und intensiver arbeitet als der Rest; der Übergang vom → *High-Potential* zum *High-Performer* ist fließend und schwer quantifizierbar; vgl. → *Performer.*

Bsp.: *Ein ganzheitliches Konzept im Sinne der Life-Balance, welches Sie als High-Performer bei uns erwartet, kann somit nur durch eine effiziente Nutzung Ihrer individuellen persönlichen Ressourcen umgesetzt werden.*

High-Potential

englisch «high» = hoch, groß; lateinisch «potentia» = Stärke, Macht; von sich selbst überzeugter und bei Vorgesetzten beliebter Nachwuchsmanager, Abkürzung HP (von Neidern mit «Halbprofi» übersetzt).

Bsp.: *Die Intention eines High-Potential-Personalentwicklungsprogramms ist es, die Top-Performer unter den Nachwuchskräften des Konzerns zu fördern.*

hoch…

universell einsetzbarer Steigerungs- und Verstärkungspartikel mit Wichtigtuereffekt: *hochambitioniert, hochsensibel, hochkomplex, hochdiffizil.*

Bsp.: *Wir befinden uns mitten in einem hochkomplexen Abstimmungsprozess.*

Hochdruck

besonders hoher Einsatz, größtmögliches Engagement; ursprünglich im Druckergewerbe zu finden (der Hochdruck ist das älteste, gemeinhin Johannes Gutenberg zugeschriebene mechanische Verfahren mit erhöht liegenden Lettern, tatsächlich gab es aber schon im alten Orient Stempelhochdrucke); über Physik und Medizin («Hochdruckpatient») sowie Meteorologie («Hochdruckgebiet») ins Modern Business herübergeschwappt, wo normaler Druck nur selten ausreicht.

Bsp.: *Wir arbeiten mit Hochdruck daran, im Verlauf des Jahres das Bankensystem in den produktiven Betrieb zu übernehmen.*

hochfahren

erweitern, steigern, entwickeln, verbessern; aus der Techni-

kersprache («ein Gerät bzw. eine Anlage hochfahren») abgeleitet und auf den Menschen als Produktionsfaktor herübertransferiert; klassische Einschüchterungs- und Stressfloskel, um Druck in eine Abteilung reinzubringen.
Bsp.: *Wir müssen unsere Produktivität dringend hochfahren!*

hochkochen

zumeist in der Wendung *etwas hochkochen* = etwas an die große Glocke hängen, übertreiben, sich mit Heftigkeit entwickeln; oft auch als Partizip Perfekt Passiv: *hochgekocht*; vermutlich abgeleitet vom hochkochenden Stahl, der schwer unter Kontrolle zu bringen ist; klassische Bedetungsveränderungsflokel.
Bsp.: *Müssen wir das Thema unbedingt derart hochkochen?*
Bedeutet: *Erzähl unser Missgeschick nicht überall rum, vielleicht können wir das noch irgendwie vertuschen.*

Human-Capital-Resource

wörtlich = «Mensch-Kapital-Mittel»; Personaldecke, Mitarbeiterstamm; nicht nur von Sprachpuristen und Gegnern des Turbokapitalismus oft als unmenschlich tituliert; in seiner abgewandelten Form «Humankapital» das Unwort des Jahres 2004.
Bsp.: *Mit unseren Human-Capital-Resources sind wir in der Lage, neue Marktsegmente zu penetrieren.*

hungrig

stark an etwas interessiert, stark motiviert, begierig, ambitioniert; ursprünglich ausschließlich auf die Zeitspanne vor der Nahrungszuführung bezogen, die übertragene Bedeutung ist erstmals bei der Fußball-WM 1974 im Sportlerjar-

gon belegt («Die deutsche Nationalmannschaft ist vor dem Turnier total hungrig»); businesssprachliche Bedeutungsveränderung bzw. -verengung in Richtung «erfolgsgeil».
Bsp.: *Wir sind hungrig nach Erfolg und Bestätigung unserer Idee.*

Hut

in verschiedenen Wendungen als geflügelte Floskel anzutreffen: *alles unter einen Hut kriegen/bekommen* = mehrere Dinge gleichzeitig schaffen; *den Hut aufhaben* = etwas bestimmen; *mit etwas nichts am Hut haben* = keine Lust auf etwas haben; *aus dem Hut zaubern* = aus dem Nichts eine Lösung parat haben; *an den Hut stecken* = auf etwas verzichten, etwas entbehren müssen; *den Hut nehmen* = fortgehen, sich verabschieden; *der Hut brennt* = etwas ist dringend; Hüte waren in früheren Zeiten Statussymbole (vgl. Doktorhut), man steckte sich gerne Anstecknadeln, Trophäen etc. daran, um ihn (und sich) aufzuwerten.
Bsp.: *In einer so hochkomplexen Organisation muss einfach einer den Hut aufhaben.*

im Grunde

allgemein, eigentlich, im Tiefsten; kann eine Aussage aufblähen oder aber relativieren; etymologisch zugrunde liegt der «Grund», der sich über das Alt- bzw. Mittelhochdeutsche («crunt» = Boden) im frühneuzeitlichen Justizwesen semantisch in Richtung «Begründung» entwickelte; Verlegenheitsfloskel mit Auffülleffekt, mit der der Sprecher andeuten will, dass er tief in seinem Inneren geforscht hat.
Bsp.: *Im Grunde genommen geht es unserer Firma ja nicht schlecht.*

im Nachgang

im Nachhinein, hinterher; die Vokabel ist laut Grimmschem Wörterbuch bereits seit dem 17. Jahrhundert belegt, und zwar in der bayerischen Kanzleisprache (Nachgang = nachträgliche Anmerkung zu Gerichtsakten) sowie im klerikalen Bereich (Nachgang = bei der Fronleichnamsprozession ging der Pfarrer vorneweg, die hinterhergehenden Gläubigen bildeten den «Nachgang»).
Bsp.: *Eine im Nachgang der Akquisition durchgeführte gesellschaftsrechtliche Strukturoptimierung führte dazu, dass zwei Unternehmen in den Konsolidierungskreis aufgenommen wurden.*

Implementierung

von lateinisch «implere» = anfüllen, erfüllen; Anleihe aus der Computersprache; bezeichnet businesssprachlich in einem → *Prozessprocedere* die Umsetzung und Durchführung von Teilen eines Projekts oder Plans im Rahmen der Zielvorgaben; auch als Verb: *implementieren*.

Bsp.: *Wie weit ist die Implementierung vorangeschritten?* Bedeutet: *Haben Sie mit dem Projekt schon angefangen?*

implizit

von lateinisch «implicare» = hineinwickeln, vermischen, verbinden, verknüpfen; businesssprachlich: inbegriffen, eingeschlossen, mit enthalten, mit gemeint (aber nicht ausdrücklich gesagt); im Geschäftsjargon zumeist als banale Füllfloskel verwendet; vgl. auch → *explizit*.

Bsp.: *Wir übernehmen weder explizit noch implizit eine Haftung oder Gewähr dafür, dass die Produkte für bestimmte Einsatzzwecke geeignet sind.*

innovativ / Innovation

lateinisch «innovare» = erneuern; businesssprachlich: neuartig; wird im Modern Business mit einer gewissen Beliebigkeit annähernd jedem zweiten Substantiv vorangestellt, somit ergibt sich fast immer ein gewisser Sinn, wenn auch wenig Substanz.

Bsp.: *Innovationskette, -bausteine, -generation, -kultur, -vorgang, -team, -struktur, -ziele, -maßstab, -methode, -labor, -erziehung, -messung, -cocktail, -index, -agenda, -fähigkeit, -zone, -test, -ära, -prozess, -skala, -kapazität, -potenzial, -generation.*

Input

von englisch «in» und «to put» = zugefügte Energie oder Leistung (aus altenglisch «putian» = stoßen, schieben, werfen); bürosprachlich: Kraft- oder Materialeinsatz, Vorleistung; ursprünglich in der EDV verwendet (Input = Daten-

eingabe), seit 1980 von der Sozialpsychologie und Betriebswirtschaft adaptiert; *Input* kommt meist «von unten» und
verhält sich somit umgekehrt proportional zur Hierarchie-
ebene, Vorgesetzte hingegen geben → *Feedback*.

ins Boot holen → *Boot*

inspiriert
lateinisch «spiritus» = Geist, Geisteskraft, Sinn; wer im Modern Business etwas auf sich hält, ist jederzeit → *vollumfänglich inspiriert*, besser noch: *inspired*; vs. *uninspiriert*.
Bsp.: *Ihre Vision, die Sie im Meeting formuliert haben, fan-
den wir nicht unbedingt inspiriert.*

interessant

1. langweilig, 2. kommt nicht in Frage; ironisch verwendete Höflichkeitsfloskel, die sarkastisch den Grad der Bedeutung einer Information für den Empfänger beschreibt; wird zumeist als Synonym für «was für ein Quatsch» verwendet, wenn man den Absender des Blödsinns aus Gründen der Diplomatie nicht vor den Kopf stoßen darf; vgl. → *suboptimal*, → *mittelprächtig*; Extrembeispiel für die Verschleierungstaktik im Modern Business.

Bsp.: *Ein interessantes Geschäftsmodell!*

Bedeutet: *Mit dem Modell gehen Sie baden.*

involviert → *eingebunden*

irritiert

von lateinisch «irritare» = reizen, stören, belästigen; klassischer Euphemismus mit geläufigen Steigerungen wie «leicht», «etwas», «ziemlich», «erheblich», «sehr», «höchst» und «massiv(st)»; je abschwächender das Adverb, umso größer ist zumeist die Empörung; vgl. auch → *verwundert.*

Bsp.: *Wir sind über Ihr Verhalten leicht irrtiert.*

Bedeutet: *Sie werden von uns in den nächsten Tagen eine Abmahnung erhalten.*

K

Key-Note(-Speech)
Eröffnungsrede (wörtlich: «Leitmotiv-Rede») bei einer → *High-Potential*-Veranstaltung; Anglizismus mit allerhöchstem Wichtigtuerfaktor.
Bsp.: *Wer hält denn beim Kick-off die Key-Note?*

Kick-off(-Meeting)
englisch = Startschuss, Anstoß, Beginn eines Spiels; bezeichnet im Businessjargon eine Zusammenkunft zu Beginn eines Projekts; dynamischer Anglizismus in Anlehnung an die Sportlersprache.
Bsp.: *Morgen lädt der Vorstand zum Kick-off für das neue Sendeformat.*

Know-how-Transfer
englisch «know-how» = Wissen (wörtlich: gewusst, wie), lateinisch «transferre» = übertragen; im Business: → *crossfunktionale* Wissensweitergabe; englisch-lateinischer-Sprachzwitter mit Wichtigtuereffekt.
Bsp.: *Unsere Ziele sind eine verbesserte Altersstruktur, frühzeitige Nachfolgeplanung und ein gut funktionierender Know-how-Transfer von Alt zu Jung.*
Bedeutet: *Wir haben zu viele zu alte Mitarbeiter, die wir möglichst bald loswerden sollten – aber erst nachdem sie den jüngeren Mitarbeitern gezeigt haben, auf was diese bei den Arbeitsabläufen zu achten haben.*

kommunizieren

lateinisch «communicare» = sich verständigen, mitteilen, teilnehmen; im ursprünglichen Wortsinn erfüllt Kommunikation eine Verständigungsfunktion, im Sinne der Übermittlung einer Meinung oder einer Tatsache; im Modern Business bedeutet «erfolgreich kommunizieren» zumeist, den anderen so zu beeinflussen, dass er im Idealfall gar nicht merkt, dass er manipuliert wird.

Bsp.: *Ich dachte, wir hätten das klar kommuniziert.*

Bedeutet: *Kann schon sein, dass ich vergessen habe, das dazuzusagen.*

komplex

schwierig, anspruchsvoll, → *diffizil*; oftmals noch gesteigert durch verstärkende Adverben (einigermaßen, ziemlich, hoch, höchst, äußerst).

Bsp.: *Die Angelegenheit ist hochkomplexer Natur.*

Bedeutet: *Der ganze Sachverhalt ist mittlerweile so verworren, dass bei uns keiner mehr durchblickt.*

konzentrieren

eine *Konzentration* herbeiführen, seine Aufmerksamkeit vollständig auf jemanden oder etwas ausrichten; aufgrund ihres subtilen Charakters beliebte Verschleierungs- und Zeitgewinnfloskel, denn sich auf etwas zu *konzentrieren*, hat zumeist den angenehmen Nebeneffekt, dass man einen Grund hat, etwas anderes zu vernachlässigen.

Bsp.: *Wir werden uns im Vertrieb zukünftig auf die Neukundengewinnung konzentrieren.*

Bedeutet: *Die Bestandskunden sind erst mal zweitrangig.*

kreativ

ursprünglich lateinisch «creare» = etwas erschaffen, hervorbringen, frei bewirken; schon Säuglinge nehmen Reize aus
der Umwelt wahr und verarbeiten sie (kre)aktiv; businesssprachliche Bedeutungsveränderung im Sinne von «nachhelfen», «beschönigen»; am bekanntesten ist die «kreative
Buchführung» (= Bilanzfälschung).
Bsp.: *Können wir da kreativ nichts machen?*
Bedeutet: *Lässt sich da nicht irgendwas tricksen, um nach
außen hin gut dazustehen?*

kriegsentscheidend

besonders bedeutsam, sehr wichtige Maßnahme; der Ursprung im Militärischen liegt auf der Hand; im Modern Business häufig bemühte Wichtigtuerfloskel, mit der man
Weitsicht demonstrieren oder auch eine Diskussion → *abmoderieren* kann.
Bsp.: *Ob wir diesen Aspekt mit auf die Agenda setzen oder
nicht, wird letztlich auch nicht kriegsentscheidend sein.*

kritisch-konstruktiv

streng prüfend, aber weiterhelfend, aufbauend und nicht
vernichtend; die Floskel soll ausdrücken, dass die geäußerte
Kritik keineswegs abfällig gemeint ist, sondern vom Sprecher mit aufbauender und fördernder Absicht getätigt wird;
was zunächst eher wie ein politisches Parteiprogramm
klingt («kritisch – konstruktiv – kraftvoll», CDU-Stadtver-
band Tübingen 2011), ist ein beliebter Business-Neologis-
mus mit Einschüchterungseffekt.
Bsp.: *Ich gebe Ihnen mal ein kritisch-konstruktives Feedback.*
Bedeutet: *Setzen Sie sich besser hin, denn was ich Ihnen
gleich sagen werde, hat es in sich!*

Kuh vom Eis holen

einen Karren aus dem Dreck ziehen, einen Missstand in Ordnung bringen (für den selbstverständlich jemand anderes verantwortlich ist); geflügelte Floskel, die gern von Vorgesetzten bemüht wird: Merkt eine Kuh, dass sie auf Eis steht, bleibt sie ängstlich stehen. Weil sie aber gerade das nicht soll, denn die Kuh ist schwer und das Eis dünn, muss der Bauer sie höchstpersönlich vom Eis herunterholen; die Kuh steht in diesem Bild für ein schweres Projekt, das stagniert oder unterzugehen droht, der Bauer indes verkörpert den → *proaktiven* Manager.

Bsp.: *Wir müssen die Kuh zeitnah vom Eis holen.*

kurz

schnell, flink, geschwind, ohne viel Zeitverlust; zumeist als Stressfloskel verwendet in Bezug auf Tätigkeiten, die schnell erledigt werden sollen («am besten gestern»), obwohl allen Beteiligten klar ist, dass dies nicht zu schaffen ist.

Bsp.: *Machen Sie das Angebot doch heute noch kurz fertig.*

kurzschließen

sich verständigen, über eine Sache sprechen; Anleihe aus der Elektrikerfachsprache; vgl. auch → *geerdet*, → *Schalter umlegen*; durch eine Kurzschlussverbindung kann starker Strom fließen, der meistens ein Mehrfaches des Betriebsstromes beträgt.

Bsp.: *Wir sollten dazu mehrere Abteilungen kurzschließen.*

Bedeutet: *Vielleicht können wir ja einen Teil der Arbeit einer anderen Abteilung aufhalsen.*

L

Launch/launchen
englisch «launch» = Start, Einführung; businesssprachlich: Gründung einer Firma, Einführung eines Produkts, ein Produkt unter die Leute bringen; nicht zu verwechseln mit neudeutsch loungen (= sehen und gesehen werden) oder lunchen (= essen).
Bsp.: *Wann wird denn nun endlich die neue Website gelauncht?*

Lead
englisch «to lead» = führen; der Begriff stammt ursprünglich aus der Musikerszene (Lead-Sänger); im Modern Business meist in der Wendung *in den Lead gehen* bzw. *den Lead übernehmen* = Führungsrolle annehmen bzw. aktiv übernehmen.
Bsp.: *Übernehmen Sie im Meeting nächste Woche den Lead?*

Leave → *Sabbatical*

leidenschaftslos
(nach außen hin) frei von emotionalen Einflüssen, (scheinbar) sachlich, vermeintlich ganz → *relaxt*; beliebte Gesichtswahr-Plattitüde → *proaktiver* → *High-Potentials*, wenn sie merken, dass sie auf verlorenem Posten stehen, um noch schnell zurückrudern zu können.
Bsp.: *Da bin ich ganz leidenschaftslos.*
Bedeutet: *Wenn hier keiner meinen Vorschlag unterstützt, werde ich besser schnell so tun, als ob er mir sowieso nicht wichtig wäre.*

Arbeitszeugnis

WIR LERNTEN HERRN RIEDL ALS GESELLIGEN KOLLEGEN KENNEN, DER SICH SEINEN AUFGABEN MIT BEGEISTERUNG WIDMETE UND DABEI JEDE MENGE EINFÜHLUNGSVERMÖGEN AN DEN TAG LEGTE.

Wir mussten leider mitansehen, wie Herr Riedl die ganze Zeit nur feiern wollte und letztlich dem Alkohol verfiel. Bei seiner Arbeit hatte er fast nie Erfolg, dafür aber bei den Frauen – er machte Kolleginnen an und suchte sexuelle Kontakte.

IM KOLLEGENKREIS GALT ER ALS VIELSEITIG INTERESSIERTER MITARBEITER, DER SICH MEIST BEMÜHTE, DEN AN IHN GESTELLTEN ARBEITSANFORDERUNGEN GERECHT ZU WERDEN.

Seine Kollegen salbte er dauernd mit abstrusen Verschwörungstheorien und Auswanderungsfantasien zu. Seine Arbeit schaffte er praktisch nie, auch dann nicht, wenn er sich zur Abwechslung mal Mühe gab.

HERR RIEDL HATTE GELEGENHEIT, ALLE INNERHALB DER EINRICHTUNG ZU ERLEDIGENDEN ARBEITEN KENNENZULERNEN.

Herr Riedl sah keine Arbeit, deshalb haben wir ihn innerhalb der Einrichtung ständig hin und her schieben müssen, aber nirgends konnte er Fuß fassen.

Leistungsreserven

in den Wendungen *vorhandene Leistungsreserven abrufen* oder *an die Leistungsreserven rangehen* = über seine Grenzen gehen, vgl. → *Extrameile*; Anleihe aus der Elektrikersprache, wo es um den Säurestand in Batterien geht; im Mo-

FÜR DIE IM HINBLICK AUF ABRECHNUNGSMODALITÄTEN MIT KOSTENTRÄGERN AN-
FALLENDEN DOKUMENTATIONSAUFGABEN ZEIGTE ER VERSTÄNDNIS UND ERLEDIGTE
SIE MEIST IN NACHTSCHICHTEN.
Er arbeitete wie eine Schnecke und beschäftigte sich andauernd mit unwichtigen
Dingen.

HERR RIEDL VERFÜGT ÜBER FACHWISSEN UND EIN GESUNDES SELBSTVERTRAUEN.
BESONDERS HERVORZUHEBEN SIND SEINE ZWISCHENMENSCHLICHEN KONTAKTE ZU
ALLEN ALTERSGRUPPEN.
Herrn Riedl Fachwissen ist schwach bei maßloser Selbstüberschätzung. Er war rotz-
frech und beleidigte jeden, wo er nur konnte. Außerdem hat er ein Faible für Minder-
jährige.

WIR BESCHEINIGEN HERRN RIEDL GERNE, DASS ER DIE IHM ÜBERTRAGENEN AUFGA-
BEN ZU UNSERER ZUFRIEDENHEIT ERLEDIGT HAT. DAS ARBEITSVERHÄLTNIS WURDE IN
BEIDERSEITIGEM EINVERNEHMEN GELÖST. FÜR SEINEN WEITEREN LEBENSWEG WÜN-
SCHEN WIR IHM ALLES ERDENKLICH GUTE UND GOTTES SEGEN.
Seine Arbeitsleistung war unterirdisch, sodass uns keine andere Wahl blieb, als ihm
fristlos zu kündigen.
Wir hoffen für ihn, dass er nicht total abstürzt, doch da hilft wohl nur noch beten.

dern Business als Stressfloskel verwendet, die suggeriert,
dass jemand noch lange nicht alles gegeben hat.
Bsp.: *Wir haben nicht den Eindruck, dass Sie momentan
Ihre Leistungsreserven abrufen.*

Linie

Synonym für Strategie; in den Wendungen *auf Linie bringen* = jemanden mit (sanfter) Gewalt → *committen; auf gleicher Linie liegen* = übereinstimmen, gleicher Meinung sein; vgl. auch → *Wellenlänge.*
Bsp.: *Wir verfolgen weiterhin unsere Linie.*
Bedeutet: *Wir machen weiter wie bisher, weil wir hoffen, dass wir damit auf dem richtigen Weg sind, wissen es aber, ehrlich gesagt, auch nicht.*

Lösungen generieren

nach dem «all goes»-Motto («Es gibt keine Probleme, sondern nur Lösungen») wird von *Visionären* beim Generieren von Lösungen nicht selten die Realität ignoriert; das Wichtigste an → *prodynamischen Lösungen* ist, dass sie multifunktional einsetzbar und → *eins zu eins* auf andere Situationen übertragbar sind.

lösungsorientiert

nach Lösungen suchen, ohne → *explizit* nach den Ursachen der Probleme zu fragen; ursprünglich basiert der lösungsorientierte Ansatz auf den Ideen des Psychotherapeuten Steve de Shazer, der seine Erfahrungen mit Jugendlichen in sozialpädagogischen Einrichtungen auf das Business übertrug. Er geht davon aus, dass es hilfreicher ist, sich auf Wünsche, Ziele und → *Ressourcen* zu konzentrieren anstatt auf Probleme.
Bsp: *Wir gehen mit Herausforderungen prinzipiell lösungsorientiert um.*
Bedeutet: *Wir überlegen nicht lange, woher die Probleme eigentlich kommen, sondern versuchen sie möglichst schnell vom Tisch zu kriegen – und im Notfall unter den Teppich zu kehren.*

Low-Performer → *Performer*

Luft nach oben
euphemistische Floskel, die höflich, aber dennoch deutlich ausdrücken will, dass die Leistung noch erheblich gesteigert werden sollte; entspricht in etwa Schulnote 4 (*viel Luft nach oben* wäre Note 5); vgl. → *suboptimal,* → *mittelprächtig,* → *steigerungsfähig.*
Bsp.: *In Ihrem Segment ist noch viel Luft nach oben.*
Bedeutet: *Was macht Ihre Abteilung eigentlich den ganzen Tag?*

M

Mega-Performer → *Performer*

Mehrwert
meist in der Wendung *einen Mehrwert stiften* = einen zusätzlichen Wertbeitrag leisten, etwas über eine veranschlagte oder früher festgesetzte Summe hinaus → *generieren*; Schöpfer des Begriffs war Karl Marx – für ihn war der Mehrwert «der Teil der Wertmenge, den der Lohnarbeiter durch seine Arbeit produziert und der über den Ersatz des Wertes seiner Arbeitskraft hinausgeht» (Lohnarbeit und Kapital, 1847).
Bsp.: *Wir müssen uns fragen, ob das für uns wirklich einen Mehrwert hat.*

Meilenstein
bemerkenswerter Entwicklungsschritt, Ereignis mit besonderer Bedeutung; ob eine Zwischenstation im → *Prozessprocedere* erreicht wurde, wird in der *Meilensteinsitzung* überprüft; Meilen- bzw. Kilometersteine aus 1,50 m hohen Granitsäulen wurden schon im Römischen Reich im Abstand von zehn Meilen aufgestellt.
Bsp.: *Mit der Veröffentlichung der ersten Spezifikationen haben wir einen wichtigen Meilenstein erreicht.*

mental
von mittellateinisch «mentalis» = geistig, in Gedanken, in der Vorstellung, verstandesmäßig; intelligent klingender Latinismus, der den höheren geistigen Standort des Sprechers markieren soll; in diversen Kontexten einsetzbar

(*mentale* Fitness, *mentale* Stärke, *mentale* Vorbereitung, *mental* aktiv, sich auf etwas *mental* einstellen).

Bsp.: *Wir können uns schon mal mental darauf einstellen, dass unser Umsatz im letzten Quartal weggebrochen ist.*

Mentoring

lateinisch «mens» = Geist, Sinn, Verstand; Austauschbeziehung zweier Personen mit einem bestimmten, exakt definierten Ziel; ein *Mentor* (= väterlicher Freund, Berater, meist Führungskraft) soll den *Mentee* (= Berufseinsteiger) an seinem Erfahrungsschatz teilhaben lassen und ihn *coachen*; das bedeutet, dass die immer jünger werdenden Absolventen, die noch nie eine Firma von innen gesehen haben, an die Hand genommen werden, damit sie durch ihren Übereifer nicht zu viel Flurschaden anrichten.

Bsp.: *Flankierende Maßnahmen sind Mentoring, Führungs- und Experten-Trainings, ein 360°-Feedback mit anschließendem Coaching-Prozess sowie ein Karriere-Workshop.*

Message

englisch = Nachricht, Botschaft, Sendung, Mitteilung; businesssprachlich in Richtung «konkrete, gehaltvolle Aussage», «Leitbild», «Philosophie» erweitert; über die Hippiebewegung schon in den 1970er Jahren in den Kreis der Verlegenheitsfloskeln eingegangen, anschließend in Alternativkreisen («Mann, wo bleibt die Message?») adaptiert; sowohl bei post-juvenilen Managern als auch in Großraumbüros anzutreffen.

Bsp.: *Ich konnte beim Kick-off keine Message erkennen.*

Bedeutet: *Woran sollen wir in den nächsten Wochen jetzt eigentlich arbeiten?*

Minderleister

von englisch «underachiever» («to achieve» = etwas erreichen) eingedeutscht; schlechter Mitarbeiter; vgl. → *Under-Performer,* → *Low-Performer* oder → *Bedenkenträger.*
Bsp.: *Für Minderleister haben wir hier keinen Platz.*

mitnehmen

nicht in der, laut Grimmschem Wörterbuch, ursprünglichen Bedeutung («von einem Ort mit fortnehmen»), sondern im übertragenen Sinne: 1. *jemanden mitnehmen* = an einer Idee o. Ä. teilhaben lassen; 2. *etwas mitnehmen* = einen Gedanken aufnehmen, eine Erkenntnis mitnehmen; klassische Bedeutungsveränderungsfloskel.
Bsp.: *Ich will versuchen, Sie alle mitzunehmen.*
Bedeutet: *Ich werde versuchen, mich so verständlich auszudrücken, dass mir alle folgen können – und für diejenigen, die das Thema nicht interessiert, habe ich ein paar Witze in meinen Vortrag eingebaut.*

mittelprächtig

mäßig, eher schlecht (Schulnote 4); höflicher Euphemismus, um jemanden nicht zu verprellen, vor allem wenn man ihn später noch brauchen könnte; vom eigentlichen «prächtig» (= großartig) weit entfernt; vgl. → *suboptimal,* → *steigerungsfähig,* → *Luft nach oben.*
Bsp.: *Die Präsentation ist so mittelprächtig angekommen.*
Bedeutet: *Die Präsentation war stinklangweilig und wir können froh sein, dass nicht noch mehr Leute den Raum verlassen haben.*

Must-have

englisch = muss man haben; im Gegensatz zum → *Nice-to-*

Vielen Dank für Ihren Vortrag. Wenn Sie jetzt noch bitte Ihre Unterlagen trennen... in Papier, Plastik und Restmüll...

have, das nicht zwingend nötig ist, um im Business etwas zu gelten; Anglizismus mit Wichtigtuereffekt.

Bsp.: *Was wäre denn für Sie ein Must-have?*

Bedeutet: *Was müssen wir Ihnen bieten, damit Sie den Vertrag unterschreiben?*

N

Nachfolgeplanung

Business-Euphemismus für eine anstehende Kündigung; eines der deutlichsten Beispiele für die manipulative Intention und die Verschleierungstaktik moderner Bürosprache; vgl. → *freistellen*.

Bsp.: *Die Nachfolgeplanung für Herrn Schaluppke ist höchst virulent.*

Bedeutet: *Der Schaluppke muss so schnell wie möglich hier raus, bevor er noch mehr Schaden anrichtet.*

Nachgang → *im Nachgang*

nachhaltig / Nachhaltigkeit

1. langfristig, dauerhaft, eine anhaltende Wirkung habend, 2. eine Entwicklung, die auch langfristigen Interessen Rechnung trägt, ohne → *Ressourcen* übermäßig zu beanspruchen oder die Umwelt nachfolgender Generationen zu gefährden; zuerst nachweisbar in der Forstwirtschaft (1713 von Hans Carl von Carlowitz in Bezug auf Waldbewirtschaftung erwähnt), auf die Gesamtwirtschaft wird der Begriff *Nachhaltigkeit* seit 1950 übertragen; in letzter Zeit aufgrund der Klimadebatte inflationär eingesetzte Floskel, um zu verschleiern, dass wirtschaftliche Interesse im Vordergrund stehen.

Bsp.: *Neben ökonomischen Erfordernissen legen wir bei unserer Produktpalette auf ökologische Nachhaltigkeit größten Wert.*

nachlegen

noch einen → *draufsetzen*, sich steigern; laut Grimmschem Wörterbuch originär lateinisch «post-ponere»; im Deutschen erstmalig als «Holz nachlegen» (1116) belegt, heute im Sportlerjargon und neuerdings auch in der Finanzbranche verwendet; im Business geht es → *primär* um eine (nochmalige) Leistungssteigerung bzw. Einsatzerhöhung; Bedeutungsveränderungsfloskel mit Aufforderungscharakter; vgl. Schippe → *drauflegen*, → *Extrameile*.
Bsp.: *Was die Motivation angeht, muss Ihre Abteilung auf jeden Fall noch mal nachlegen.*

netzwerken

am Aufbau von Beziehungen arbeiten, Seilschaften aufbauen; vgl. → *vernetzen*; ideale Gelegenheit bietet hierzu die *After-Work-Party* (vgl. → *afterworken*); Neologismus, originär abzuleiten vom Netzbau der Spinne; auch im PC-Jargon anzutreffen («virtuelles Netzwerk»).
Bsp.: *Wir sollten nachhaltiger netzwerken und uns öfter kurzschließen!*

Nice-to-have (alternative Schreibweise: *nice2have*)

englisch = «schön zu haben»; optional, gewünscht, aber eben nicht so zwingend notwendig wie das → *Must-have*, also eigentlich vernachlässigbar; Anglizismus mit Wichtigtuereffekt.
Bsp.: *Wir sollten noch mal an die Nice-to-have-Kosten ran.* Bedeutet: *Wir müssen sparen und schauen jetzt, wo wir am leichtesten kürzen können.*

nicht wirklich

kaum, nur ein bisschen (aber nicht so ganz), halbwegs, teil-

weise, wenig; abschwächende, letztlich nichtssagende Füllfloskel, um sich nicht festlegen zu müssen.

Bsp.: *Ich bin da nicht wirklich Ihrer Meinung.*

Bedeutet: *Ich glaube, damit liegen Sie vollkommen falsch –
aber sicher bin ich mir auch nicht.*

No-Go

im übertragenen Sinne: verboten, unangemessen; bürosprachlich: inakzeptable Tatsache bzw. Entscheidung; umgangssprachlich: «Das geht gar nicht!»; *no-go* steht im
Englischen für «etwas funktioniert nicht» und kommt vor
allem attributiv vor (z. B. «no-go area» = Gebiet, das nicht
betreten oder überflogen werden darf); erstmals in der
Raumfahrt belegt; im Bürodeutsch bezeichnet der Anglizismus ein Tabu oder Quasi-Verbot; ein *No-Go* ist übrigens
meistens → *absolut*.

O

Offboarding

bewusst gestaltete (Massen-)Entlassung; Euphemismus mit der Intention, sich beim → *Outplacement*-Prozess hinter der Fremdsprache zu verschanzen; die anglizistische Bedeutungsveränderungsfloskel kommt ursprünglich aus dem Fliegerjargon («boarding-time») und bezeichnet den Zeitpunkt, wenn Fluggäste in ein Flugzeug steigen, um einen Ort zu verlassen (hier handelt es sich jedoch um Reisende, die – anders als beim *Offboarding* im Modern Business – nach einer gewissen Zeit wieder an den Ort ihres Abfluges zurückkehren).

Bsp.: *Wir sollten uns um professionelle Offboarding-Lösungen kümmern.*

Bedeutet: *Wir sollten jemanden von außen damit beauftragen, den Mitarbeitern ihre Kündigung zu kommunizieren.*

Onboarding

Einstellen und Integrieren, also «an Bord nehmen», von neuen Mitarbeitern; ebenso alle Maßnahmen, die die Integration fördern (z.B. Vorbereitung des Arbeitsplatzes und der Arbeitsmittel); in Zeiten des Fachkräftemangels ein → *Must-have*-Anglizismus.

«Du bist unkompliziert, inspiriert und lösungsaffin! Agree und Commit sind für dich selbstverständlich. Du hast Drive und suchst einen Einstieg auf Win-win-Basis mit zeitnahem Karrierepotenzial? Dann steht deinem Onboarding nichts im Wege. Bei Bedarf kann Unterkunft kurzfristig gestellt werden.»

Stellenanzeige einer kleinen lokalen Werbeagentur für ein unbezahltes Studentenpraktikum

Open Day

Tag der offenen Tür; die Freie Universität Bozen fing 1999 damit an («Unser Open Day ist eine Gelegenheit, die Universität und das Studierendenleben mal kennenzulernen»), inzwischen haben viele große Firmen nachgezogen und ihren besuchsoffenen Tag verdenglisht; vgl. auch → *Social Day*.

Bsp.: *Wir laden zum Open Day.*

Bedeutet: *Sie dürfen gerne an einem festgelegten Tag unseren Betrieb besichtigen. Wir werden uns die größte Mühe geben, uns im besten Licht zu präsentieren und Ihnen das Gefühl zu geben, als sähe so bei uns die tägliche Routine aus.*

operativ

von lateinisch operare = arbeiten; in der Medizin und im Militär: eine Operation betreffend; umgangssprachlich: konkrete Maßnahmen treffend; *operativ tätig sein* = emsig tätig sein, unmittelbar wirken; im Modern Business häufig in der Wendung *operatives Tagesgeschäft* = alltägliches Kerngeschäft; businesssprachliche Bezeichnung für die Unternehmensbereiche, in denen das Geld verdient wird.

Bsp.: *In Kürze werde ich mich aus dem operativen Tagesgeschäft zurückziehen.*

optimieren / Optimierungsbedarf

lateinisch «optime» = hervorragend, bestens; nach dem Besten streben; vgl. auch → *nachlegen*; humanistisch anmutender Latinismus mit hohem Kosmetikeffekt.

Bsp.: *Was Ihre Konzepte angeht, sehen wir noch einen gewissen Optimierungsbedarf.*

Bedeutet: *Ihre Vorschläge waren völlig unbrauchbar.*

Option

von lateinisch «optare» = wünschen; umgangssprachlich: Möglichkeit; businesssprachliche Bedeutungsmodifizierung bzw. -veränderung in Richtung «Eventualität»; oft auch als Adjektiv: *optional* (= auf Wunsch, frei wählbar). Bsp.: *Wir sollten diese Option in Erwägung ziehen.* Bedeutet: *Schön, dass wir darüber gesprochen haben – wir machen es dennoch wie geplant.*

Outplacement

wörtlich «Ausplatzierung»; im Modern Business: Unterbringung bzw. Vermittlung eines Mitarbeiters außerhalb des bisherigen Unternehmens, sprich Personalstandsbereinigung; anglizistischer Euphemismus für eine Kündigung. Bsp.: *Immer mehr Unternehmen nutzen unsere Outplacement-Beratung als Instrument der sozialen Verantwortung.* (www.bestplacement.de)

Output

englisch «out» = aus, heraus, «to put» = setzen, stellen, legen, aufbringen; zugefügte Energie oder Leistung; bürosprachlich: Ausstoß, Leistung, Arbeitsergebnis; volkswirtschaftlich gesehen, ist die Produktivität gleich Output, geteilt durch Input, also das, was → *am Ende des Tages* übrig bleibt; vs. → *Input.*

Out-of-the-box

Schnellschuss, Lösung, die sofort einsatzbereit ist; ursprünglich im IT-Bereich beheimatet (Software auspacken, installieren, benutzen, ohne zusätzliche Konfiguration oder Anpassung); bürosprachlicher Anglizismus für besonders ungewöhnliche, kreative Lösungsansätze.

Bsp.: *Da muss ganz schnell eine Out-of-the-box-Lösung her.*

Outsourcing
amerikanische Kunstvokabel, gebildet aus «outside resour-
ces using»; businesssprachlich: Auslagerung von Arbeits-
plätzen, Nutzung auswärtiger Quellen oder Möglichkeiten;
Unternehmen können → *Ressourcen* auslagern (Fremdfir-
men), ausgliedern oder ausgründen (Tochterfirmen).
Bsp.: *Die Aufgabe von HR besteht aktuell im punktuellen
Outsourcen von Humankapital.*
Bedeutet: *Die Personalabteilung wird in nächster Zeit mas-
senhaft Arbeitsplätze in Billiglohnländer auslagern.*

Overflow
englisch = Überlauf, Überfluss; übertragen: Übermaß z. B.
an Arbeit oder an Eindrücken; manchmal noch verstärkt
mit *völlig* oder → *total*; in der Systemtechnik gehört der
«buffer overflow», bei dem zu große Datenmengen einen
zu kleinen Speicherbereich überfluten, zu den häufigsten
Sicherheitslücken, der zum Absturz des Systems führen
kann; im Business kann ein dauerhafter *Overflow* zum
→ *Burnout* führen (in Japan «Karoshi» = Tod durch Über-
arbeitung); Hilferuffloskel völlig überarbeiteter Mitarbeiter.
Bsp.: *Wir haben hier aktuell mit einem totalen Overflow zu
kämpfen.*

P/Q

pampern

von englisch «to pamper» = verwöhnen, verhätscheln; umgangssprachlich: einwickeln im Sinne von «einlullen» in Anlehnung an die gleichnamige Windelmarke; bürosprachlich: scheinbares Interesse vortäuschen, jemanden besonders gut behandeln, jemanden mit lukrativen Konditionen vertraglich an ein Unternehmen oder o. Ä. binden; seit 2008 auch im DUDEN vertreten.

Bsp.: *Unser Ziel sollte es sein, unsere Bestandskunden besser als bisher zu pampern.*

Paradigma

1. Denkmuster, Denkart, Weltanschauung, 2. Beispiel, Muster, Vorbild; originär aus der Philosophie der Vorsokratiker entstammend (Paradeigma = Weltsicht), später in der Sprachwissenschaft Bezeichnung für die Gesamtheit aller Formen, die ein Wort vor allem durch Deklination oder Konjugation annehmen kann, seit dem 20. Jahrhundert in der Wissenschaftstheorie als Lehrmeinung oder vorherrschendes Denkmuster einer Zeit; neuerdings als «Paradigmenwechsel» bei der → *Corporate Identity* gebräuchlich; im Business als gebildet klingende Wichtigtuerfloskel mit Einschüchterungseffekt anzutreffen.

Bsp.: *Unsere Company muss einen Paradigmenwechsel hinsichtlich der Kommunikation ökologischer Nachhaltigkeit vollziehen.*

Bedeutet: *Wir sollten in der Presse ankündigen, dass wir uns demnächst mehr für den Umweltschutz engagieren werden.*

Parameter

griechisch «para» = neben, «metros» = Maß, Größeneinheit; 1. Einflussgröße, 2. Variable; ursprünglich in der Mathematik (Zahlengröße in einer Funktion, Gleichung, Kurve oder Fläche), Technik (Daten, durch die die Leistungsfähigkeit einer Maschine charakterisiert ist), Musik (Eigenschaft eines Tons) und Informatik (Steuergröße) zu finden; in der Marktwirtschaft sind vor allem Lohn- und Materialkosten wichtige *Parameter.*

Parkett

französisch «parquet» = kleiner abgegrenzter Raum, getäfelter Fußboden (Verkleinerungsbildung zu frz. «parc» = eingehegter Raum); bürosprachlich meist in der Wendung *aufs Parkett bringen* = 1. vorbringen, auftischen, präsentieren, 2. an Schwung zulegen, etwas beschleunigen; Anleihe aus dem Theater- bzw. Börsenjargon (aus Zeiten, wo noch auf dem Parkett gehandelt wurde).
Bsp.: *Das sollten wir bei passender Gelegenheit unbedingt noch mal aufs Parkett bringen.*

partizipieren (lassen)

lateinisch «pars» = Teil, «capere» (in Zusammensetzungen auch «-cipere») = fassen, greifen; businesssprachlich: jemanden an etwas Anteil gewähren, an etwas teilhaben (lassen).
Bsp.: *Wir sollten die gesamte Vertriebsmannschaft daran partizipieren lassen.*
Bedeutet: *Daran sollen sich ruhig auch die anderen den Kopf zerbrechen.*

performen / Performer

lateinisch «performare» = sich entwickeln, in Form bringen

bzw. englisch «to perform» = ausführen, verrichten, durch-
führen, darstellen; im Modern Business: leisten, (Quartals-)
Zahlen vorlegen; der *Performer* ist ein Mitarbeiter in ganz
verschiedenen Güteklassen (*Best-, High-, Low-, Mega-,
Under-, Key-, Top-, Over-Performer*).
Bsp.: *Wir müssen unbedingt nachhaltiger performen.*
Bedeutet: *Wir müssen im nächsten Quartalen bessere Zah-
len liefern.*

per se
lateinisch = durch sich; businesssprachlich: an sich, für sich
selbst; verzichtbarer Latinismus, zumeist als Verstärkungsfloskel mit Auffülleffekt verwendet; vgl. → *quasi.*
Bsp.: *Dieses Vorhaben ist per se nicht umzusetzen.*
Bedeutet: *Es liegt nicht an mir, dass dieses Vorhaben geschei-
tert ist.*

perspektivisch
lateinisch «perspicere» = (hin)durchblicken, durchsehen; ursprüngliche Bedeutung: (die) Betrachtungsweise (betreffend); im Businessjargon etymologisch eigentlich unkorrek-
te Bedeutungsveränderung in Richtung «Ausblick», «auf die
Zukunft gerichtet» (pro-spektiv); vgl. auch → *retrospektiv.*
Bsp.: *Sie müssen das perspektivisch sehen.*
Bedeutet: *Das klingt im Moment vielleicht idiotisch, könnte
sich jedoch als sinnvoll herausstellen.*

Philosophie
Leitbild, Unternehmens-, Geschäfts- bzw. Mitarbeiterkul-
tur; etablierter Allgemeinplatz (hochrangiger) Führungskräfte, um den eigenen intellektuellen Standpunkt zu demonstrieren; vgl. → *Corporate Identity.*

Worthülsen will ich von Ihnen nicht hören, Sie sind hier nicht der Chef!

Bsp.: *Die geschäftspolitische Ausrichtung folgt der Philosophie der Muttergesellschaft.*
Bedeutet: *Wir machen das so, wie es uns von oben vorgegeben wird.*

Pipeline

englisch = «Rohrleitung»; businesssprachlich meist in der Wendung *etwas in der Pipeline haben:* etwas in Vorbereitung haben, etwas bereithalten; ursprünglich eine Fernleitung für Flüssigkeitstransport; im Modern Business semantisch umgedeutet und gerne als Ausrede benutzt, wenn (noch) keine konkreten Ergebnisse vorliegen; Hinhaltefloskel mit Vortäuschungsfaktor.

Bsp.: *Ich habe da gerade was in der Pipeline.*
Bedeutet: *Ich habe zwar noch nichts ausgearbeitet, aber wenigstens schon angefangen, darüber nachzudenken.*

Pitch

englisch = Tonhöhe, Neigungswinkel; «to pitch» = werfen, aufschlagen, neigen, stimmen; businesssprachlich: Verkaufsgespräch, Wettbewerb (um den Werbeetat); die «Speed-Version» davon ist der *Elevator Pitch*, bei dem man einem Kunden während einer kurzen Fahrstuhlfahrt – innerhalb von etwa 60 Sekunden – eine Idee schmackhaft machen muss; ursprünglich stammt die Vokabel aus der Musik (Pitch = Tonhöhenänderung) und gelangte über die Luftfahrttechnik (Anstellwinkel der Propeller- und Rotorblätter) und den Sport (beim Tennis, Golf und Baseball bezeichnet der Pitch einen Schlag bzw. Wurf) ins Business; auch in verbalisierter Form: *pitchen.*

Bsp.: *Wir wurden ausgewählt, um gegen vier Konkurrenten um den Auftrag zu pitchen.*

Plan B

Alternativmöglichkeit, Ersatzplan; mögliche Vorgehensweise (falls der eigentliche *Plan A* nicht aufgeht); einen *Plan B* zu haben, bringt zumeist eine Portion Gelassenheit mit sich; im besten Fall ist *Plan B* noch besser als die Ursprungsidee.

Bsp.: *Haben Sie Plan B für Ihre Karriere in der Pipeline?*

plausibilisieren

lateinisch «plausibilis» = beifallswürdig bzw. «plaudere» = klatschen, schlagen; businesssprachlich in der Wendung *je-*

mandem etwas plausibel machen = jemandem die Vorteile von etwas aufzeigen, jemanden für eine Idee begeistern.
Bsp.: *Es ist uns nicht gelungen, beim Kick-off unser Procedere zu plausibilisieren.*

positionieren
auf einen Standpunkt stellen, ausrichten; oft in Kombination mit einem komparativen Adverb (besser, deutlicher, offensiver, geschickter); unauffällig bis defensiv klingende Bedeutungsveränderungsfloskel mit starkem Vortäuschungseffekt, denn *sich als etwas zu positionieren* bedeutet nicht zwingend, dass man es auch ist bzw. einhält; vgl.
→ *rüberkommen.*
Bsp.: *Wir wollen unser Unternehmen als verlässlichen Partner im E-Commerce-Sektor positionieren.*
Bedeutet: *Wir wollen im E-Commerce-Sektor so tun, als wären wir ein verlässlicher Partner.*

Potenzial
von lateinisch «potenzia» = Macht, Kraft; in patriarchalisch geführten Unternehmen wird «Potenz(ial)» gerne als Einschüchterungs- und Stressfloskel verwendet; weiterhin auch als Euphemismus anzutreffen, um auszudrücken, dass die Leistung noch erheblich gesteigert werden sollte; vgl.
→ *Leistungsreserven,* → *Luft nach oben.*
Bsp.: *Ihr Konzept hat durchaus Potenzial.*
Bedeutet: *Der Ansatz ist nicht schlecht, aber die Ausführungen müssen noch einmal komplett überarbeitet werden.*

präferieren
lateinisch «praeferre» = vorziehen; businesssprachlich: bevorzugen, favorisieren; vermeintliche Verbindlichkeitsflos-

kel, die mit der Intention verwendet wird, den eigenen Standpunkt möglichst flexibel zu halten.

Bsp.: *Ich würde Lösung A präferieren …*

Bedeutet: *… aber wenn Sie wollen, dass ich Lösung B umsetze, werde ich das selbstverständlich widerstandslos tun.*

präventiv

lateinisch «prae» = vor, vorne, voran; französisch «préventif» = vorbeugend, verhütend; die Vokabel hat ihren Ursprung im Militärjargon (Präventivschlag) und der Medizin (Präventivmaßnahmen) und wurde seit den 1980er Jahren → *sukzessive* ins Modern Business herübertransferiert.

Bsp: *Wir sollten uns in diesem Segment präventiv mehr engagieren.*

Bedeutet: *Wir sollten unseren Marktanteil sichern, bevor es zu spät ist.*

Prework

lateinisch-englischer Sprachzwitter aus lateinisch «prae» = vor und englisch «work» = Arbeit; Vorarbeit, Vorleistung; vgl. → *afterworken.*

Bsp.: *Darauf hätte man schon im Prework Wert legen müssen.*

Bedeutet: *Da ist von Anfang an etwas schiefgelaufen.*

primär

lateinisch «primus/primarius» = der Erste, zu den Ersten zählend; zuerst, die Grundlage bildend; elitär klingender Latinismus, um eine Dringlichkeit zu betonen.

Bsp.: *Primär sollten wir in der jetzigen Situation versuchen, eine Schadensersatzklage abzuwehren.*

Prinzip

lateinisch «principium» = Anfang, Grund; umgangssprachlich: Gesetzmäßigkeit; bürosprachlich meist als *im Prinzip* oder *vom Prinzip her* = → *im Grunde* genommen; zumeist als höfliche Abschwächungsfloskel mit Überspielungseffekt verwendet.

Bsp. (1): *Im Prinzip bin ich da bei Ihnen.*
Bedeutet: *Das sehe ich anders.*
Bsp. (2): *Im Prinzip läuft es nicht schlecht.*
Bedeutet: *Eigentlich klappt gar nix.*

prio

von lateinisch «prior» bzw. frz. «priorité» = der Erste, der Vordere; im Modern Business nicht etwa im Sinne von «Vordenkertum», sondern Abkürzung für «Priorität» = Vorrang nach Bedeutung bzw. Notwendigkeit; meist in der Wendung *(aller)erste prio* = superextremwichtig; manchmal auch in verbalisierter Form: *priorisieren*; Dringlichkeit wird gern in Zahlen ausgedrückt: von *prio 1* (= schleunigst zu erledigen) bis *prio 4* (= relevant, aber vorher kann man noch in Ruhe E-Mails checken).

proaktiv

Neologismus aus lateinisch «pro» = vor, für und «activus» = tätig; im Voraus handelnd, eine Sache in die Hand nehmen, frühzeitig, initiativ tätig werden; vs. *reaktiv*; einigermaßen sinnlose Steigerung von «aktiv» (und insofern ein Pleonasmus); zumeist als Verstärkungsfloskel verwendet.

Bsp.: *Wir sollten das Projekt proaktiver angehen.*
Bedeutet: *Wir sollten jetzt mal endlich mit dem Projekt anfangen.*

Produktstrategie

griechisch «strategos» = Feldherr, Kommandant; Art und Weise, ein Geschäftsmodell unter Berücksichtigung der → *Ressourcen* langfristig geschickt zu vermarkten.

Bsp.: *Wir sind bestrebt, eine zielgruppengerechte Produktstrategie proaktiv zu implementieren.*

Bedeutet: *Wir müssen unsere Produkte viel mehr auf die Wünsche der Kunden abstimmen.*

prodynamisch

von griechisch «dynamis» = Kraft, Gewalt; 1. (mal eben) schnell, → *kurz*, 2. energiegeladen, lebhaft, voll innerer Kraft; vgl. → *proaktiv*; Einschüchterungs- bzw. Stressfloskel.

projektieren

von lateinisch «pro iacere» = vorwärtswerfen, weit werfen; businesssprachlich: entwerfen, erarbeiten, planen; in der jetzigen, eingedeutschten Form und der entsprechend angepassten Semantik erstmals im 17. Jahrhundert belegt; damit eine Sache zum großen Wurf wird, muss weitsichtig vorausgedacht, sprich *projektiert* werden; vgl. → *Weitblick*.

Bsp.: *Hier ist ein Investitionsvolumen von über neun Milliarden Euro projektiert.*

Projektplan

Substantivierung des lateinischen Verbs «proicere» = vorhersehen, vorausschauen, um seinen Gesprächspartner pleonastisch zu beeindrucken, denn *Projektplan* klingt deutlich → *ambitionierter* als «vorgesehener Ablauf».

Bsp.: *Bis wann können Sie mir einen entsprechenden Projektplan vorlegen?*

Bedeutet: *Ich würde gerne wissen, wie lange Sie vorhaben, dieses Projekt vor sich herzuschieben.*

prospektiv

von lateinisch «prospicere» = vorausschauen, vorhersehen; vorausblickend, im Vorgriff (auf); gelehrt klingender Latinismus; vgl. → *perspektivisch.*
Bsp.: *Die Marktlage muss prospektiv analysiert werden.*
Bedeutet: *Keiner kann vorhersehen, wie sich die Wirtschaft entwickelt, aber man kann ja mal so tun als ob.*

Prozess

Verbalabstraktum zu lateinisch «procedere» = voranschreiten, vorrücken, vonstattengehen; gesetzmäßig verlaufender Vorgang, erfolgreicher Verlauf; frühneuhochdeutsch (seit dem 14. Jahrhundert) aus lateinisch «processus» als Rechtsterminus («Gerichtsverfahren») entlehnt, dann von den Naturwissenschaften adaptiert (1528 bei Paracelsus als Ablauf chemischer Reaktionen); bürosprachlich fast ausschließlich auf die Wendungen *einen Prozess* → *anstoßen* bzw. *einen Prozess aktiv fortführen* verengt, seltener im juristischen Sinne gebraucht.

prozesslastig

(zu) langsam, (zu) kompliziert, (zu sehr) im Detail verloren; Eindeutschung des lateinischen Wortstamms durch das Suffix «-lastig».
Bsp.: *Diese Verfahren sind doch eher prozesslastig.*

Prozessprocedere

Religionsersatz in den Strategieabteilungen eines Unternehmens, der «sämtliches eigenständige Denken im Ansatz

ersticken kann» (www.ftd.de/
karriere-management).
Bsp.: *Wir sollten auf jeden Fall
das vorgesehene Prozessprocedere einhalten.*
Bedeutet: *Das haben wir
schon immer so gemacht, das
machen wir auch weiterhin so.*

«Man kann bei diesem Prozessprocedere ja geteilter Meinung sein. Aber
wir wollen es doch bitte so halten,
dass ich die Meinung habe und Sie
diese teilen – quasi als stummes
Agreement. Nur so macht das Ganze
am Ende des Tages doch Sinn.»

Zitat «Stromberg»

pushy
adjektivierte Ableitung von
englisch «push» = Druck, kräftiger Schlag; dominant, Druck
ausübend, forsch; vgl. → *bossy,* → *proaktiv,* → *prodynamisch.*
Bsp.: *Deine Chefin tritt ja ganz schön pushy auf.*

quasi
lateinisch = gleichsam; gelegentlich auch als Präfix vorangestellt *(quasifunktionell, quasiexperimentell, Quasiverstaat-
lichung);* eine der häufigsten Füllfloskeln zur Überbrü-
ckung akuter Sprachlosigkeit.
Bsp.: *Dem Bericht ist insbesondere zu entnehmen, dass die
Lieferantenbeziehungen quasi unantastbar sind.*
Bedeutet: *An den Lieferantenbeziehungen können wir nicht
rütteln.*

R

Rad

von lateinisch «rota»; in verschiedenen Wendungen als geflügelte Floskel anzutreffen: *das Rad neu erfinden* = alles neu machen; *ein schnelles Rad drehen* = besonders flott arbeiten; *unter die Räder kommen* = keine Berücksichtigung finden, zugrunde gehen; die Erfindung des Rads liegt deutlich länger zurück (vermutlich China oder Mesopotamien im 4. Jh. v. Chr.) als die ersten Sprichwörter rund um das Rad; *unter die Räder kommen* ist seit dem Mittelalter belegt.

Bsp.: (1) *Wir müssen ja nicht unbedingt das Rad neu erfinden.*

Bsp.: (2) *Wir drehen hier ein ziemlich schnelles Rad.*

Bsp.: (3) *Wenn wir nicht aufpassen, wird die Firma mit diesem Produkt unter die Räder kommen.*

Radar

meist in der Wendung *etwas auf dem Radar haben* = an etwas denken, sich einer Sache bewusst sein; vgl. → *Schirm*; wortbildungsmäßig ein angelsächsisches Akronym: *Radio Detection and Ranging* (frei übersetzt: «Funkortung und -abstandsmessung»); der Begriff *Radar* hat seit 1945 die ursprüngliche deutsche Bezeichnung «Funkmess» ersetzt.

Bsp.: *Ich habe das selbstverständlich auf dem Radar.*

Bedeutet: *Mir ist das Problem durchaus bewusst, ich habe aber keine Ahnung, wie die Lösung aussehen könnte.*

Vielleicht sagen Sie jetzt, das ist gar kein Kreis. Aber so einfach wollen wir es uns, wo es um Ziele geht, ausnahmsweise nicht machen!

redundant

von lateinisch «redundare» = überlaufen, im Überfluss vorhanden sein (eigtl. «zurück-wogen» von «re(d)» = zurück
und «unda» = Welle); stammt ursprünglich aus der Technik
und Informationstheorie; bürosprachlich: 1. überflüssig,
überschüssig, überzählig, mehrfach vorhanden, 2. doppelt,
doppelt und dreifach; im Modern Business soll der Latinismus ein hohes Maß an → *unaufgeregter* Überlegenheit signalisieren.
Bsp.: *Ihr Hinweis erscheint mir an dieser Stelle doch reichlich redundant.*

Bedeutet: *Das gleiche Argument haben Sie doch schon vor einer halben Stunde angebracht.*

relaxt

von englisch «to relax» = in sich ruhen, gelassen sein; bürosprachlich: locker, ausgeruht, → *tiefenentspannt*; Wohlfühl-Anglizismus, vorausgesetzt, man ist → *geerdet.*
Bsp.: *Das gehen wir ganz relaxt an.*

Rennen

zumeist in den Wendungen *aus dem Rennen sein* = keine Aussicht auf Erfolg haben oder *gut im Rennen liegen* = Aussicht auf Erfolg haben; erstmalig belegt bei den antiken Wagenrennen (Circus maximus) sowie den englischen Pferderennen («to be well-placed», um 1200), später vom Autosport adaptiert und in die Büros weitergereicht; metaphorische Floskel ohne Verbindlichkeitsgehalt.
Bsp.: *Sie liegen ganz gut im Rennen.*
Bedeutet: *Es ist noch vollkommen offen, ob Sie den Auftrag bekommen werden oder nicht.*

Ressourcen

lateinisch «resurgere» = hervorquellen bzw. französisch «la ressource» = Quelle; Mittel, um eine Handlung zu tätigen oder einen Vorgang (→ *Prozessprocedere)* ablaufen zu lassen; es lässt sich unterscheiden zwischen finanziellen Ressourcen («Geldmittel») und → *Human-Capital-Resources* («Personaldecke»).
Bsp.: *In diesem Marktsegment fehlen uns momentan die personellen Ressourcen.*
Bedeutet: *Der Mitarbeiter, der bisher dafür verantwortlich war, hat gekündigt.*

retrospektiv

von lateinisch «retrospicere» = zurückschauen, nach hinten blicken; im Rückblick; im Geschäftsleben als gebildet klingender Gemeinplatz → *voll und ganz* adaptiert.
Bsp.: *Retrospektiv können wir festhalten, dass unser Konzept gegriffen hat.*

reworken

von lateinisch «re» = zurück, nach und englisch «work» = Arbeit; businesssprachlich: etwas überarbeiten; aus dem IT-Fachjargon (Reparieren bzw. Aufbereiten von defekten Bauteilen) in die Büros herübergewandert; Anglizismus mit hohem Kosmetikeffekt; vgl. → *afterworken*.
Bsp.: *Sie sollten Ihr Konzept noch einmal reworken.*
Bedeutet: *Sie sollten Ihren Vorschlag noch einmal grundlegend überarbeiten.*

rüberkommen

auf eine gewünschte Art und Weise wirken; Bedeutungsveränderungsfloskel mit Vortäuschungseffekt, denn → *innovativ rüberkommen* bedeutet nicht, → *innovativ* zu sein; vgl. präsentieren, → *positionieren*.
Bsp.: *Achten Sie darauf, dass wir beim All-Hands-Event möglichst optimistisch rüberkommen.*
Bedeutet: *Geben Sie den Mitarbeitern das Gefühl, dass es gut läuft.*

Rückmeldung → *Feedback*

rund

insgesamt stimmig, alles in allem passend, ohne Stolpersteine; ein paar Ecken und Kanten sind zwar erlaubt, aber im

Business steht man eher auf geglättete, leicht handhabbare und runde (bzw. rund gemachte) Oberflächen (und Typen); gelegentlich auch als *rundmachen* = jemanden zusammenfalten; abgeleitet von der zusammengeknüllten und weggeworfenen Papierkugel.

Bsp.: *Das Konzept ist noch nicht ganz rund.*
Bedeutet: *Das Konzept ist Mist.*

S

Sabbatical

englisch für «(arbeits-)freie Zeit»; vom biblisch-jüdischen Sabbat abgeleitet; eine Auszeit, die Mitarbeiter nehmen können, um die Welt zu bereisen, einen MBA zu absolvieren oder eine dringend nötige Psychotherapie zu machen und ihren Burnout auszukurieren.

Bsp.: *Denken Sie doch über die Möglichkeit nach, ein Sabbatical einzulegen.*

Bedeutet: *Wir legen Ihnen dringend nahe, eine Auszeit einzulegen, denn wenn Sie nicht irgendwo noch ein paar Kraftreserven auftreiben, sind Sie in ein paar Monaten sowieso gefeuert.*

sacken lassen

ursprünglich: sinken, sich senken; businesssprachlich semantisch erweitert in Richtung «überlegen», «über etwas nachdenken»; laut Grimmschem Wörterbuch niederdeutschen Ursprungs (vermutlich Intensivbildung zu «sinken») und vornehmlich bei Winzern und Bauern beheimatet («Wein sacken lassen», «Korn in einen Sack füllen»); beliebte Zeitgewinnungsfloskel.

Bsp.: *Ich muss das erst mal sacken lassen.*

oder: *Das Projekt ist Mist und ich muss erst mal darüber nachdenken, wie ich Ihnen das möglichst diplomatisch beibringe.*

Schalter umlegen

etwas grundlegend verändern, eine andere Richtung einschlagen; Stressfloskel mit Anleihe aus der Elektrikersprache; bürosprachliche Steigerung, wenn die Aufforderungen einen → *Gang* hochzuschalten und → *Leistungsreserven* zu aktivieren bereits gefallen sind; nicht nur Einzelpersonen, sondern auch ganze Unternehmen müssen bisweilen einen *Schalter umlegen*, in dem Fall spricht man von einem → *Adaptionsprozess* oder einem → *Transformationsprozess*.

Bsp.: *Wenn Sie jetzt nicht zeitnah den Schalter umlegen, werden wir am Ende des Tages ein Outplacement andenken müssen.*

Bedeutet: *Wenn Sie so weitermachen wie bisher, sind Sie der Nächste, der seine Kündigung erhält.*

Schirm
althochdeutsch «scerm» (= Schutzdach); umgangssprachlich als metaphorische Floskel anzutreffen in der Wendung *einen Schirm spannen* = etwas schützend über jemanden halten; bürosprachlich als Zeitgewinnungsfloskel in der Wendung *auf dem Schirm haben* = etwas beobachten, genau im Blick behalten; vgl. → *Radar*.

Bsp.: *Das hab ich schon auf dem Schirm.*

Bedeutet: *Ich kenne Ihr Anliegen, nur ob und wann ich es umsetzen werde, ist noch fraglich.*

schlank → *verschlanken/Verschlankung*

schlaumachen → *aufschlauen*

Schluss mit lustig
mittelhochdeutsch «lustec» = vergnügt, munter; pointiert einzusetzende Einschüchterungs- bzw. Stressfloskel, um auszudrücken, dass aufgrund eines bestimmten zukünftigen

oder vergangenen Ereignisses die vergnüglichen Zeiten mittelfristig beendet sind; Aufruf zum Ernst, der – aufgrund seiner offensichtlichen Phrasenhaftigkeit – häufig nur belächelt wird.

Bsp.: *Mit diesem Konzernergebnis ist hier erst mal Schluss mit lustig.*

Schnittstelle

hat nichts mit Wurst oder Torten zu tun, sondern gemeint ist ein Bereich oder eine Person, in dem oder bei der mehrere Informationen, Interessen oder Fragen zusammenlaufen.

Bsp.: *Einer wird bei diesem Projekt als Schnittstelle fungieren müssen.*

Bedeutet: *Einer wird bei der Koordination des Projektes in Arbeit untergehen.*

sexy

angesagt, trendig, modern, hip; vs. *unsexy*; businesssprachlich Bedeutungsveränderung weg vom erotischen Reiz hin zum allgemeinen Trend – ähnlich wie bei «geil».

Bsp.: *Die Idee ist nicht sexy.*

Bedeutet: *Das bringt keinen Umsatz.*

sinnfrei / sinnreduziert

unsinnig, nutzlos, vergeblich, zwecklos; beliebter bürosprachlicher Euphemismus, wenn man jemandem aus taktischen Gründen nicht sagen kann, dass seine Idee Mist ist; vgl. → *suboptimal,* → *mittelprächtig.*

Bsp.: *Für mich ist das eine relativ sinnfreie Geschäftsidee.*

Sinn machen

Phrase, der oft eine Anlehnung an die englische Formulierung «to make sense» unterstellt wird, die tatsächlich jedoch ohne anglizistischen Hintergrund ist: Der erste Beleg für das deutsche «Sinn machen» findet sich laut Grimmschem Wörterbuch im Mittellateinischen der Scholastik («sententiam facere, wie es tat Petrus der maister Lampardus, der die sentencias machet», 1280) und wurde später von Luther («die weyse ist, das man wenig wort mache, aber vill und tieffe meynungen ader synnen mache», 1540), Lessing («Ein Übersetzer muß sehen, was einen Sinn macht», 10.1.1760) und Goethe aufgegriffen («ob man gleich sich erst einen Sinn dazu machen muß», 1825); im Geschäftsleben eine geflügelte Floskel, die mehr über den Sprecher aussagt, nämlich dass er etwas verstanden hat, als über die Sinnhaftigkeit des vorgebrachten Arguments.

Social Day

englisch = «sozialer Tag»; gemeint ist eine gut gemeinte Tagesaktion (z. B. Weihnachtsfeier für sozial benachteiligte oder behinderte Kinder, Zooausflug mit dem Seniorenheim); immer mehr Firmen entdecken in einem Anflug plötzlichen Gutmenschentums ihr Herz für die auf der Schattenseite der Gesellschaft angesiedelten Personen – angenehmer Nebeneffekt: Die → *Corporate Identity* (vgl. auch → *Philosophie*) des Unternehmens wird im Außenauftritt gestärkt. Besonders gerne veranstalten mit dem Sozialvirus infizierte Bankhäuser *Social Days*, um ihr großes Herz öffentlich zu demonstrieren, nachdem sie zuvor mit Steuergeldern gerettet wurden, die den sozialen Einrichtungen fehlen.

spannend

ursprünglich: fesselnd, interessant, aufregend; von mittelhoch-

deutsch «span-nan» = freudig erregt sein, voller Verlangen sein; im Modern Business ist vermehrt eine Bedeutungsverschiebung bzw. Bedeutungsumkehrung und eine ironische bis sarkastische Verwendung zu beobachten; vgl. → *interessant*.
Bsp.: *Das klingt ja spannend!*
Bedeutet: *Das interessiert mich überhaupt nicht.*

spontan
von lateinisch «sua sponte» bzw. spätlateinisch «spontaneus» = 1. freiwillig, 2. von allein, von selber; Bedeutungsveränderung in Richtung: intuitiv, impulsiv, ungeplant, ohne lange Überlegung, aus einem Impuls heraus; diese veränderte Semantik findet sich erstmals im 17. Jahrhundert (französisch «spontané» = unmittelbar); beliebte und inflationär verwendete Vokabel bei den 68er-«Spontis» (studentische Bewegung, die die Spontaneität der Massen für das revolutionäre Element der Geschichte hielt) und in der Sozialpädagogik («Jetzt machen wir mal spontan eine Gruppensitzung»); im Modern Business zumeist noch mit «ganz» oder «voll» verstärkt; auffällig ist, dass die Medizin bei der ursprünglichen Semantik blieb («spontane Remission», «spontane bakterielle Peritonitis»).

sportlich
kurz, knapp, heftig; beliebte, weil dynamisch wirkende Anleihe aus dem Sportlerjargon; vgl. → *Team/Teamplayer*, → *Ball* flach halten; deutet an, dass jemand bereit ist, die → *Extrameile* zu gehen, oder dies bereits getan hat.
Bsp.: *Das wird sportlich.*
Bedeutet: *Keine Ahnung, wie wir das stemmen sollen.*

Stand

Status quo, meist in der Wendung *auf den Stand bringen* = jemanden über den aktuellen *Stand* (eines Vorhabens oder Vorgangs) informieren, auf dem Laufenden halten; häufig in Verbindung mit den Adjektiven «aktueller», «momentaner», «neuester».

Bsp.: *Könnten Sie mich mal auf den neuesten Stand bringen in dem Pörksen-Fall?*

Bedeutet: *Wer ist dieser Pörksen und was hat der mit unserer Firma zu tun?*

steigerungsfähig

schwach, mäßig, relativ schlecht (nicht: ganz schlecht); euphemistische Höflichkeitsfloskel, um ein Ergebnis oder eine (vielleicht gerade noch ausreichende) Leistung schönzureden; vgl. → *mittelprächtig*, → *suboptimal*; wer als → *Low-Performer* noch → *Luft nach oben* hat, verfügt über *Steigerungspotenzial.*

Bsp.: *Wir sehen noch erhebliches Steigerungspotenzial im Customer Service.*

Bedeutet: *In Sachen Kundenservice läuft bei uns so gut wie gar nichts rund.*

stimmig

überstimmend, zusammenpassend, ausgewogen; Anleihe aus der Musikerszene («einstimmig», «zweistimmig»); linguistisch betrachtet handelt es sich um eine Adjektivierung von «(ein Instrument) stimmen» (= auf passende Klanghöhe bringen).

Bsp.: *Für mich klingt das nach einem stimmigen Gesamtkonzept.*

Laufen Sie noch mal schnell in mein Büro. Ich habe da irgendwo meine Überzeugung liegen-gelassen...

stringent

von lateinisch «stringere» = zusammenziehen; schlüssig, nachvollziehbar, zwingend, ohne kreative Abweichung, genau nach Plan.

Bsp.: *Eine stringent umgesetzte Ordnungspolitik ist hier zwingend erforderlich.*

Bedeutet: *Wir müssen unbedingt das Chaos in den Griff kriegen.*

Strukturen

von lateinisch «structura» = ordentliche Zusammenführung,

Zusammenhang; businesssprachlich meist in den Wendungen *schlanke Strukturen, geglättete Strukturen*; auch als Adjektiv: *strukturiert*.
Bsp.: *Wir müssen dringend zukunftsorientierte Strukturen schaffen.*

suboptimal

von lateinisch «sub» = unter(halb) und «optime» = hervorragend, also eigentlich «unter dem Besten»; höflich klingender, euphemistischer Latinismus, der → *de facto* völlige Abwertung ausdrückt: (sehr) schlecht, (sehr) ungünstig; vgl. → *mittelprächtig*, → *steigerungsfähig*, → *Luft nach oben*; Gerhard Schröder bezeichnete seinen Auftritt im ZDF am Abend der Bundestagswahl 2005 in der Elefantenrunde als *suboptimal* – es war der letzte Akt seiner Kanzlerschaft.
Bsp.: *Das ist ein wenig suboptimal gelaufen.*
Bedeutet: *Das war Mist.*

sukzessive

von lateinisch «succedere» = nachfolgen, nachrücken; allmählich, nach und nach, in Etappen, schleichend; originär in der Amts- und Juristensprache als Rechtsnachfolge beheimatet (*sukzessive* Mittäterschaft bedeutet, dass die Mittäter ihr erforderliches Einvernehmen nicht nur ausdrücklich, sondern auch stillschweigend und noch während der Tatausführung herstellen können); businesssprachlich aufgrund der elitären Anmutung adaptiert und häufig pleonastisch verstärkt: *sukzessive immer mehr*.
Bsp.: *Die Rechte der Arbeitnehmer werden sukzessive immer mehr aufgeweicht.*

supporten / Support

von englisch «to support» = stützen; als Denglish-Floskel:
nachhelfen, unterstützen, problemorientiert bzw. technisch
beraten.

Bsp.: *In dem Oppermann-Fall würde ich Sie gerne ein wenig supporten.*

Bedeutet: *Ich erzähle Ihnen mal ein paar Geschichten, die
über Herrn Oppermann im Umlauf sind …*

Synergieeffekt

von altgriechisch «synergia» = Zusammenarbeit; im Geschäftsleben geht es darum, *Synergien zu bündeln* = Kräfte
zusammenzuführen oder Personal zusammenzulegen, die
sich gegenseitig fördern und so einen → *Mehrwert* → *generieren* sollen; eine Umschreibung von *Synergie* findet sich
schon bei Aristoteles: «Das Ganze ist mehr als die Summe
seiner Teile» (auch als Holismus bezeichnet); der aus der
Philosophie stammende Begriff wird auch in Medizin,
Pharmazie, Chemie und Forstwirtschaft verwendet, von
dort gelangte er über die Beraterbranche in die Büros.

Bsp.: *Ziel der Kooperation ist es, Synergieeffekte zu nutzen
und Effizienzpotenziale zu realisieren.*

T

Talent

im Sport wie im Business: Jungspund mit überdurchschnittlicher Begabung; mögliche Steigerungsform: *Top-Talent*.
Bsp.: *Wir fördern tragfähige Konzepte, um Talente zu fördern und zu binden.*

talentfrei

völlig untalentiert, ohne irgendwelche verwertbaren Fähigkeiten; höflich klingender, aber vernichtender Euphemismus mit unüberhörbarem Hang zur Ironie; vgl. → *sinnfrei/ sinnreduziert*, → *mittelprächtig*, → *suboptimal*.
Bsp.: *Herr Müller hat sich während der Probezeit reichlich talentfrei gezeigt!*

Du gewährleistest, dass alle Projekte in time, in budget, in quality verlaufen und sorgst so für ein Maximum an Kundenzufriedenheit. Für das Dir zugeordnete Client Service Team bist Du Leader und Coach. Deine Führung stellt sicher, dass Ziele erreicht werden, die Teams optimal besetzt sind und Deine Motivation auch in schwierigen Situationen beflügelnd wirkt.

Stellenanzeige auf Stepstone.de für den Posten des Account Director

Team / Teamplayer

ursprünglich altenglisch «team» = Familie, Nachkommenschaft, Gespann; neuzeitlich: Arbeitsgruppe, Zusammenwirken von (gleichberechtigten) Kollegen zur Lösung einer bestimmten Aufgabe o. Ä.; der Begriff stammt originär aus dem klerikalen Bereich (Methodisten-Imperativ: «Save your family and your team!») und wurde über die Sportlerspra-

che ins konfessionslose Modern Business herübertransferiert, hier entwickelten sich → *crossfunktionale Teams,* was wesentlich → *prodynamischer* und → *ergebnisorientierter* klingt als «Arbeitsgruppe»; vgl. auch → *Kick-off(-Meeting);* → *Vertriebsmannschaft.*
Bsp.: *Wir verstehen uns hier als Teamplayer und nicht als Einzelkämpfer.*

temporär

von lateinisch «tempus» = Zeit; businesssprachlich: zeitweilig, vorübergehend, befristet, überbrückungsmäßig; schon Theodor Fontane benutzte die Vokabel in «Wanderungen durch die Mark Brandenburg» (1889): «Temporäre Wohnplätze für viele tausende Arbeiter, die zur Sommerzeit die Höhendörfer der Umgebung verlassen».
Bsp.: *Wären Sie auch an einem temporären Arbeitsverhältnis unter Vergütungsaussetzung interessiert?*
Bedeutet: *Wir bieten Ihnen ein unbezahltes Praktikum an.*

tiefenentspannt

(nach außen hin) locker, (scheinbar) nicht in Panik verfallend; vgl. → *unaufgeregt,* → *leidenschaftslos;* meist noch zusätzlich mit Verstärkungsvokabel (ganz, → *total,* super) versehen; originär von der Bogensehne (gespannt vs. entspannt) abzuleiten; die superlative Fassung («tiefen-»), an die sich die englische Sozialpsychologie anlehnt («deeply relaxed»), geht auf Sigmund Freud zurück; im Business häufig anzutreffende Gesichtswahr-Plattitüde mit hohem Überspielungs- bzw. Vortäuschungseffekt, denn wären wirklich alle so *tiefenentspannt,* wie sie vorgeben, sähen die → *Burnout*-Statistiken vermutlich anders aus.
Bsp.: *Da bin ich total tiefenentspannt.*

Bedeutet: *Hier geht zwar gerade alles den Bach runter, aber das müssen die Kollegen ja nicht auch noch merken.*

tight getaktet
englisch «tight» = eng, knapp; → *sportlich* gesteckter → *Zeithorizont*; je *tighter* etwas *getaktet* ist, umso wichtiger ist es; gilt auch umgekehrt; Einschüchterungs- bzw. Stressfloskel.
Bsp.: *Bei uns sind alle Arbeitsabläufe tight getaktet.*

Timeline → *Zeithorizont*

Tisch
in verschiedenen Wendungen anzutreffen und insofern stark kontextabhängig: *etwas vom Tisch kriegen* = etwas erledigen, ein Problem lösen, Verhandlungen erfolgreich beenden; *an einen Tisch setzen* = beraten, über eine Einigung verhandeln; *unter den Tisch kehren* = etwas verschweigen, verheimlichen; *reinen Tisch machen* = etwas schonungslos auf- bzw. erklären; *vom Tisch sein* = erledigt, geklärt, abgeschlossen.

To-Dos
englisch «to do» = tun; Dinge und Aufgaben, die zu erledigen sind.
Bsp.: *Ich setze das mal auf meine To-Do-Liste.*
Bedeutet: *Vielleicht kümmere ich mich darum, vielleicht auch nicht.*

Tool
von englisch = «Werkzeug»; der Anglizismus hat seinen Ursprung in der Handwerkersprache sowie der Informationstechnologie (Hilfsprogramm, das der Unterstützung eines

anderen Programms dient, z. B. Browser-Tool); im Geschäftsleben Bezeichnung für «Hilfsmittel»; *Sales-Tool, Controlling-Tool, Business-Tool, Vertriebs-Tool* etc.

toppen
von englisch «top» = Gipfel, Spitze; jemanden oder etwas übertreffen, übertrumpfen; Denglisch-Floskel, die weder semantisch noch niveaumäßig einen → *Mehrwert* hat; vgl. → *challengen*, → *committen*, → *connecten*, → *brainstormen*, → *supporten*.
Bsp.: *Wir sind bemüht, das Ergebnis des Vorjahres zu toppen.*

Top-Performer → *Performer*

total
völlig, ganz und gar; geht originär auf das lateinische «totus» (= ganz) zurück; gelegentlich mit dem englischen Adverb-Anhängsel «-ly» (*totally*) aufgewertet, das der Vokabel eine besonders lockere Note gibt; juvenil anmutende Verstärkungsfloskel für alternde → *High-Potentials*, die besonders → *sexy* → *rüberkommen* wollen.
Bsp.: *Wir müssen uns total neu positionieren.*

Transfer → *Know-how-Transfer*

Transformationsprozess
von lateinisch «transformare» = umgestalten, umformen; bezeichnet businesssprachlich eine Umgestaltung innerhalb eines Unternehmens (vgl. → *Change-Prozess*, → *Adaptionsprozess*) – meist in Richtung einer höheren Produktivität; humanistisch anmutender lateinisch-deutscher Sprachzwitter mit Manipulationscharakter; wird im Modern Business

häufig im Kontext von → *Verschlankungsmaßnahmen* verwendet.

Bsp.: *Wir haben den Transformationsprozess inzwischen erfolgreich durchlaufen.*

tricky

englisch = 1. durchtrieben, raffiniert, 2. heikel, kompliziert, schwierig, 3. verschlagen; bürosprachlich: knifflig, verzwickt; Verlegenheitsanglizismus mit Kosmetikeffekt, der es ermöglicht, durch die Betonung der Komplexität eines Problems von der eventuellen Unfähigkeit des Sprechers abzulenken; vgl. → *diffizil.*

Bsp.: *Dieses Problem ist etwas tricky.*

Bedeutet: *Keine Ahnung, wie ich das lösen soll.*

trockene Tücher

zumeist in der Wendung *etwas in trockene Tücher bringen* = etwas fertig machen; erstmals im Spätmittelalter beim Südtiroler Mundartveteranen Oswald von Wolkenstein belegt («truckne tuech», um 1400); geflügelte Floskel mit Vortäuschungseffekt.

Bsp.: *Bis morgen ist die Präsentation in trockenen Tüchern.*

Bedeutet: *Ich habe fest vor, die Präsentation bis morgen fertigzustellen.*

u

überpacen

von englisch «to pace» = das Tempo angeben; businesssprachlich: überdrehen, übertreiben; bei Langstreckenläu-
fen oder Pferderennen ist es der «Pacemaker» (= Tempoma-
cher), der zu Beginn auf die Tube drückt und nach halber
Distanz entkräftet aussteigt; Denglisch-Foskel, die zumeist
in Bezug auf rastlose Manager verwendet wird, die sich im
Business-Survival-Marathon auf der Überholspur → *challengen*, bis einer mit → *Burnout* aussteigt.

umswitchen

von englisch «to switch» = umschalten, umleiten; bürosprachliche Bedeutungserweiterung: (mental) hin und her wechseln, gedanklich umschalten, in eine andere Rolle schlüpfen;
genau genommen redundant («umumschalten») und somit
ein Pleonasmus.

unaufgeregt

(nach außen hin) völlig gelassen, (scheinbar) sehr ruhig;
morphologisch ein adjektiviertes Partizip von «aufregen»
mit gegensätzlicher Präfigierung («un-»); meist noch mit
Adverben wie ganz, → *total* oder völlig superlativisch verstärkt; im Business häufig anzutreffende Floskel mit hohem
Überspielungs- bzw. Vortäuschungseffekt; vgl. → *tiefenentspannt,* → *leidenschaftslos.*
Bsp.: *Wir werden den Störfall ganz unaufgeregt analysieren.*
Bedeutet: *Welcher Idiot ist für diesen Super-GAU verantwortlich?*

Under-Archiever → *Minderleister*

Under-Performer → *Performer*

undifferenziert
unbestimmt, ungefähr, unklar, unsauber, unscharf, vage, verschwommen; vs. → *differenziert*; deutsch-lateinischer Sprachzwitter mit euphemistischer Tendenz.
Bsp.: *Ihr Handout ist noch ein wenig undifferenziert.*
Bedeutet: *Da kennt sich doch kein Mensch aus!*

uninspiriert → *inspiriert*

unreflektiert
kurzerhand, ohne Bedenken, gedankenlos, einfach so; aus dem lateinischen Verb «reflectare» (= zurückwerfen, widerspiegeln) wird im Partizip Perfekt Passiv «reflexum», das angibt, dass etwas zurückgeworfen wird (ursprünglich in der Philosophie als «Gedankenrückwurf»); deutsch-lateinischer Sprachzwitter mit Hang zum Besserwissertum.
Bsp.: *Die aus der Vergangenheit bekannten Trends können deshalb nicht unreflektiert linear fortgesetzt werden.*

unsexy → *sexy*

unterirdisch
im übertragenen Sinn: indiskutabel, niveaulos, ganz schlecht; laut Grimmschem Wörterbuch auf das lateinische «sub-ter-reus» (= unter der Erde befindlich, auf Tiere oder Bodenschätze bezogen) zurückgehend und bedeutungsverändert im Sinne «schmutzige/eklige Erde»; typische Übertreiberfloskel.
Bsp.: *Das Kick-off war unterirdisch.*

Unternehmensphilosophie → *Philosophie*

unterstützen

erledigen, sich kümmern, übernehmen; Bedeutungsveränderung von «jemandem beistehen» in Richtung «für jemanden übernehmen»; euphemistische Wohlfühlfloskel, um den Empfänger der vermeintlich schmeichelhaften Botschaft davon abzulenken, dass er die Arbeit erledigen soll.
Bsp.: *Für dieses Projekt brauche ich Ihre volle Unterstützung.*
Bedeutet: *Ich hatte gehofft, Sie könnten das für mich erledigen.*

updaten/Update

englisch «to update» = aktualisieren, ändern, erneuern; aus dem Computerjargon ins Bürodeutsch übernommen (Update = Optimierung der Programmausführung bzw. Fehlerbeseitigung bei neueren Softwareversionen); businesssprachlich: auf → *Stand* bringen, → *aufschlauen*; den Kenntnisstand erweitern, sich oder jemanden mit dem neuesten Wissen versorgen; Anglizismus mit Wichtigtuereffekt.
Bsp.: *Wir müssen die Präsentation noch mal updaten.*
Bedeutet: *Wir müssen dringend die Fehler aus der Präsentation fischen, die wir gestern Nacht reingebracht haben.*

Upgrader

von englisch «to upgrade» = hochstufen, aufrüsten; ursprünglich stammt das *Upgrade* aus der Flugbranche, wo der Begriff eine Höherstufung von der Economy in die Business bzw. First Class gegen Aufpreis bezeichnet; neuerdings im Businessjargon (bewundernde oder neidhafte) Bezeichnung für jemanden, der die Karriereleiter ohne eigenes Zutun «hochfällt».

Bsp.: *Der Pietsch ist ein echter Upgrader.*

Bedeutet: *Wahnsinn, wie der Pietsch Karriere macht … Wer protegiert den eigentlich?*

up or out

englisch = «hoch oder raus»; beliebter Anglizismus, der im Kontext der Unternehmensberatungsfirmen an Bekanntheit gewann; nach diesem Motto verlaufen oder scheitern Beraterkarrieren.

Bsp.: *In unserer Company heißt die Devise up or out.*

Bedeutet: *Entweder du hängst dich rein, schläfst nie und arbeitest dich hier hoch oder du fliegst schneller raus, als du gucken kannst.*

V

verdealt

von englisch «deal» = Geschäft, Abmachung; businesssprachlich: versagt, verzockt; deutsch-englischer Sprachzwitter aus angelsächsischem Hauptmorphem und urdeut-
schem Präfix («ver-») mit hohem Kosmetikeffekt: *verdealt*
klingt einfach besser als «versagt» – das Ergebnis bleibt frei-
lich gleich schlecht.

Bsp.: *Wir haben uns in den Gesprächen mit den Zulieferern
ein wenig verdealt.*

Bedeutet: *Wir haben in den Verhandlungen zu hoch gepo-
kert und das Geschäft ist geplatzt.*

Verkaufsstrategie → *Produktstrategie*

vernetzen

ein Beziehungsnetz aufbauen; vom kunstvollen Netzbau
der Spinne abgeleitet; im Geschäftsleben wird gelegentlich
ein Syndikat daraus; vgl. → *netzwerken*.

Bsp.: *Wir müssen uns da noch deutlich besser vernetzen.*

Bedeutet: *Lass uns demnächst doch mal wieder mittagessen
gehen.*

verschlanken/Verschlankung

zynischer Euphemismus für Massenentlassung mit stark
manipulativer Intention; vgl. → *gesundschrumpfen*.

Bsp.: *Wir werden diese Abteilung ein wenig verschlanken.*

Bedeutet: *Wir schmeißen die Hälfte der Mitarbeiter raus.*

Beginnen wir doch einfach mit den
Maßnahmen — dann fallen uns die Ziele
schon wieder ein!

Verstetigung

Beständigkeit, Stabilisierung, Konstanz; Zirkumfigierung
von «stetig»; Neologismus, der demonstrieren soll, wie
→ *hochkomplex* und → *diffizil* die Probleme sind, deren
→ *Lösungen* man in der Lage ist zu → *generieren*.
Bsp.: *Eine ganzheitliche Management-Strategie zur Verste-
tigung des erfolgten Personal-Transformationsprozesses ist
unerlässlich.*

Vertriebsmannschaft

Gruppe von (keineswegs nur männlichen) Vertriebsmitarbeitern; signalisiert Zusammengehörigkeit (→ *Wir*-Gefühl), damit für die Erfolgsoptimierung zusammenwachse, was (nicht unbedingt) zusammengehört; vgl. → *Team*, → *Kickoff(-Meeting)*.

Bsp.: *Die Integration der Kompetenzen innerhalb der Unternehmensgruppe wurde mit der Verstärkung der Vertriebsmannschaft deutlich ausgebaut.*

verwundert

entsetzt, verärgert, empört; klassischer Euphemismus mit geläufigen Steigerungen wie «leicht», «etwas», «ziemlich», «erheblich», «sehr», «höchst» und «massiv(st)»; wer seinem Chef zu oft Anlass zur *Verwunderung* gibt, kann sicher sein, dass dieser bald → *Nachfolgeplanung* betreiben wird; vgl. → *irritiert*, → *erstaunt*.

Bsp.: *Hierüber bin ich doch etwas verwundert.*
Bedeutet: *Ich bin stinksauer.*

verwursten

etwas, das → *mittelprächtig* ist, (nebenbei) mitverwerten; als sprachliche Vorlage fungiert der Fleischwolf, durch den neben viel Gutem auch allerlei Abfall geht; das Ergebnis ist in einer Grillwurst zumeist erträglicher als in einem Businessplan.

Bsp.: *Vielleicht sollten wir bei der Gelegenheit die Idee von Herrn Lüderitz mit verwursten!?*
Bedeutet: *Eigentlich sind wir nicht überzeugt von der Idee, aber wir können es uns nicht erlauben, ihn zu verärgern.*

virulent

drängend, problematisch; vom «Virus» abgeleitet, der schnell bekämpft werden muss, bevor er Unheil anrichten kann.

Bsp.: *Die Probleme in der Entwicklungsabteilung sind noch immer virulent.*

Vision

auf die Zukunft bezogene Vorstellung, die nicht zwingend eine logische Konsequenz der Realität darstellen muss; im Geschäftsleben handelt es sich dabei zumeist um einen Entwurf mit Hang zum Größenwahn; bereits der biblische Prophet Jeremia hatte Visionen («Jahwe wird uns aus der babylonischen Gefangenschaft herausführen!»); im 20. Jahrhundert seit Sigmund Freud als Schizophrenie (= «Halluzination, Wahnvorstellung») mit derzeit ca. 1,6 Millionen Neuerkrankungen pro Jahr weltweit definiert (Quelle: Gesundheitsberichterstattung des Bundes 2013); Helmut Schmidt kommentierte den Begriff mit seinem berühmt gewordenen Ausspruch: «Wer Visionen hat, soll zum Arzt gehen – aber kein Land oder Unternehmen führen.»

vollumfänglich

ganz und gar, vollständig, → *voll und ganz*; verstärkende sowie aufblähende Floskel mit Nähe zum Füllwort.

Bsp.: *Sie können sich auf mein vollumfängliches Agree verlassen.*

voll und ganz

total, ganz und gar; pleonastische Verstärkungsfloskel zur Bekräftigung des Gesagten; steigerbar durch → *vollumfänglich.*

Bsp.: *Ich bin da voll und ganz bei Ihnen.*

vorantreiben

einen Prozess, Projekt o. Ä. aktiv fortführen mit dem Ziel, einen Abschluss herbeizuführen; typische Einschüchterungs- und Stressfloskel.

Bsp.: *Aktuell treiben wir die Integration der Pharmasparte mit Hochdruck voran.*

Bedeutet: *Bisher haben wir beamtengleich gepennt, aber jetzt wird's definitiv sportlich.*

Vorfeld

meist in der Wendung *im Vorfeld* = im Voraus, vorausschauend, präventiv, prophylaktisch; laut Grimmschem Wörterbuch ursprünglich die Fläche vor einer Befestigung, besonders vor einer Stellung («die Artillerie hatte ein weites Vorfeld vor sich»); später über die Fliegersprache (hier dient das Vorfeld als Abfertigungs-, Abstell- und Wartungsfläche) in den Businesstalk gelangt; Bäh- und Verlegenheitsfloskel mit Auffülleffekt; vgl. → *im Nachgang.*

Bsp.: *Am Ende des Tages zählt, dass die Maßnahmen schon im Vorfeld erfolgreich waren.*

W

Webinar

Seminar, das über das World Wide Web gehalten wird; Neologismus aus *Web* und *Seminar*; ein Webinar ist interaktiv angelegt und ermöglicht den Austausch zwischen Trainer und Teilnehmern, Interaktionsmöglichkeiten sind das Herunterladen von Dateien sowie Fragestellungen via Chat oder die Teilnahme an Umfragen.

Weg

in diversen Wendungen als geflügelte Floskel anzutreffen: *etwas auf den Weg bringen* = etwas anstoßen, anfangen; *hier trennen sich unsere Wege* = eine Zusammenarbeit wird beendet; *noch einen langen Weg vor sich haben* = es gibt noch viel Arbeit; *auf einem guten Weg sein* = es läuft gut; hier ist besonders die Feinabstufung zu beachten: «sehr guter Weg» = es läuft tatsächlich gut; «guter Weg» = es läuft, aber wir wissen nicht, wohin und wie lange noch; als Faustformel gilt: Je öfter die Floskel fällt, desto mehr Sorgen sollte man sich machen.

Weitblick

umgangssprachlich: Blick in die Ferne, Ausblick; abgeleitet vom «Fernblick» in die unendlich scheinenden Weiten einer Landschaft; businesssprachlich: die Fähigkeit, vorausschauend bzw. in größeren Dimensionen zu denken, daher oft karriererelevant bzw. → *kriegsentscheidend*.
Bsp.: *Ihnen fehlt noch ein bisschen der Weitblick.*
Bedeutet: *Sie haben überhaupt nicht verstanden, worum es in diesem Job eigentlich geht.*

Wellenlänge

meist in der Wendung *auf einer Wellenlänge sein* = sich gut verstehen, harmonisch zueinanderpassen; in der Physik bzw. Optik wird als Wellenlänge der kleinste Abstand zweier Punkte der gleichen Phase einer Welle bezeichnet; unkompliziert und → *tiefenentspannt* klingende Wohlfühlfloskel, um dem Gesprächspartner ein angenehmes Gefühl zu vermitteln.
Bsp.: *In unserem Team sind wir alle auf der gleichen Wellenlänge.*

Welt retten

etwas besonders Wichtiges tun, Unmögliches möglich machen, eine große Herausforderung bzw. Aufgabe angehen; auf der semantischen Skala irgendwo zwischen Überheblichkeit und Selbstironie angesiedelt.
Bsp.: *Wir müssen hier und heute ja nicht um jeden Preis die Welt retten.*

Win-win

englisch = Doppelerfolg, Zweifachsieg; das Konzept der Win-win-Problemlösung wurde in den 1970er und 1980er Jahren an der Harvard-Universität für die soziologische Streitschlichtung entwickelt; im Geschäftsleben ist eine glückliche Konstellation gemeint, aus der beide oder mehrere Parteien Gewinn ziehen; je mehr Parteien gewinnen, desto besser der Deal (triple-win = win-win-win).
Bsp.: *Wir machen hier nur Win-win-Projekte.*

Wir

im Geschäftsjargon wird häufig die 1. Person Plural verwendet, wenn eigentlich die 2. Person Singular (oder Plural) gemeint ist; das Pronomen impliziert, dass der Sprecher sich als Teil einer Gruppe versteht, zumeist handelt es sich jedoch nur um eine «Gemeinschaft im Geiste» und die Arbeit sollen in der Regel andere verrichten; analoge Bildung zum «Pflege-Wir» («Jetzt gehen wir Pipi machen!»), das in Kindergärten, Krankenhäusern und Pflegeheimen inflationär verwendet wird.

Bsp.: *Wir sollten hier …*
Bedeutet: *Ich möchte, dass Sie …*

Wissenstransfer → *Know-how-Transfer*

Wording
englisch = Ausdrucksweise, Wortwahl, Formulierung; Anglizismus, um besonders «hip» → *rüberzukommen*; der Sprachforscher Peter Krämer bekommt hierbei «einen hysterischen Schreianfall».

Bsp.: *Vom Wording her müssen wir da noch wesentlich subtiler werden.*
Bedeutet: *Wir müssen uns noch viel unkonkreter ausdrücken, damit uns niemand auf unsere Ausführungen festlegen kann.*

Workflow
von englisch «work» = Arbeit und «to flow» = fließen; wörtlich = «Arbeitsfluss»; gemeint sind die Arbeitsabläufe in einer Abteilung.

Bsp.: *Da müssen wir noch mal an den Workflow ran.*
Bedeutet: *In der Abteilung weiß keiner, was er zu tun hat.*

work in progress
englisch = Arbeit im Fortschritt; feststehender englischer Terminus, der auf dem lateinischen «pro-gredere» (= voran-

schreiten, vorwärtsgehen) basiert; etwas ist also «auf dem Weg, aber noch nicht fertig»; vgl. auf den → *Weg* bringen; im Modern Business häufig anzutreffende Verlegenheits- und Zeitgewinnfloskel.

Bsp.: *Bei der Besetzung der ausgeschriebenen Stelle ist alles noch work in progress.*

Bedeutet: *Sobald wir Ihre Unterlagen finden, kümmern wir uns darum.*

Work-Life-Balance

Ausgleich zwischen Arbeitsleben und Freizeit; einigermaßen scheinheiliger *Human-Resource*-Anglizismus mit Wohlfühleffekt.

Bsp.: *Die Work-Life-Balance unserer Mitarbeiter liegt uns sehr am Herzen.*

worst case

schlimmster anzunehmender Fall, das Heftigste, das passieren könnte; Anglizismus mit Hang zur Übertreibung.

Bsp.: *Wir sollten unbedingt ein Worst-Case-Szenario durchspielen.*

Z

zackig
Zacken, Spitzen habend; umgangssprachlich: schneidig, dynamisch, energisch, forsch, resolut; laut DUDEN angeblich auf die Soldatensprache zurückgehend; alte Quellen bezeugen jedoch andere Ursprünge seit dem 11. Jahrhundert: zunächst als «zackicht» («Ich hätte das Mädchen nicht erreicht, wenn nicht ein zackichter Dornbusch sich in sein fliegend Gewand gewickelt hätte»), seit dem 18. Jahrhundert setzte sich dann «zackig» (= eckig) durch; businesssprachlich als Einschüchterungs- bzw. Stressfloskel verwendet.
Bsp.: *Wir müssen bei der Präsentation zackig rüberkommen.*

Zeitfenster / Zeitrahmen / Zeitraster
zur Verfügung stehender Zeitraum für ein Ereignis, verfügbares Zeitkontingent; etymologisch aus der Astronomie abzuleiten («Die Sonnenfinsternis lässt sich nur in einem ganz bestimmten Zeitfenster beobachten»).
Bsp.: *Es ist uns äußerst wichtig, dass sich Mitarbeiter an vorgegebene Zeitfenster halten.*
Bedeutet: *Wer zu langsam ist, riskiert seinen Job!*

Zeithorizont
vorgegebene Zeitspanne, in der bestimmte Aufgaben abzuarbeiten bzw. Ziele zu erfüllen sind; *Zeithorizonte* sind zwar länger als → *Zeitfenster*, werden aber dennoch stets als zu kurz empfunden.
Bsp.: *Wie ist hier der vorgesehene Zeithorizont?*

Bedeutet: *Wie lange kann ich das Projekt vor mir herschieben, bis es eng wird?*

zeitnah

rasch, schnell, bald; eine der beliebtesten Businessfloskeln, da sich «Ich erledige das zeitnah» engagierter anhört als «Das mache ich demnächst»; die Dehnbarkeit der Zeitangabe hat entscheidend zu der Beliebtheit der Zeitgewinnungsfloskel beigetragen.

Bsp.: *Die Prozesse beginnen zeitnah und laufen in einem festgelegten Workflow.*

Bedeutet: *Wir beginnen damit demnächst und schauen mal, wie es so läuft.*

Zopf, alt

altbekannte Sache, nicht mehr zeitgemäße Verhaltensweise, Idee oder Vorschrift; auf den bis ins 18. Jahrhundert üblichen Männerzopf zurückgehend, der nach der Französischen Revolution als Symbol für Rückständigkeit galt (auf dem Wartburgfest 1817 wurde ein Zopf symbolisch den Flammen übergeben, danach wurden Zöpfe nur noch von Konservativen getragen); tatsächlich hatte jedoch schon «Soldatenkaiser» Friedrich Wilhelm I. 1735 damit begonnen, als Kennzeichen für die Modernisierung seiner Armee die Soldatenzöpfe abzuschaffen; seitdem wird der Vorgang als Redensart in verallgemeinerter Form weiterverwendet; auch als Adjektiv: *verzopft* bzw. *zopfig.*

Bsp.: *Solche alten Zöpfe können wir uns in diesem modernen Business nicht leisten.*

Zufriedenheit (zu unserer vollsten)

Kernmorphem ist das Nomen «Frieden», das zirkumfigiert

wird (zu-fried-en); bedeutet, mit sich und seiner Umwelt im Frieden zu sein; in Arbeitszeugnissen gibt es eine verschlüsselte, allgemein bekannte Abstufungen: *stets zu unserer vollsten Z. = Note 1; stets zu unserer vollen Z. = Note 2; stets zu unserer Z. = Note 3; zu unserer Z. = Note 4*; viele Personalabteilungen lehnen die Formulierung «zur vollsten Zufriedenheit» ab, da sie angeblich sprachlich falsch sei, denn «voll» könne man nicht steigern.

Bsp.: *Sie hat die ihr übertragenen Aufgaben zu unserer Zufriedenheit ausgeführt.*

Bedeutet: *Ab und an hat sie etwas Brauchbares beigesteuert.*

zweifellos / zweifelsohne / ohne Zweifel

mittelhochdeutsch «zwîvellos», althochdeutsch «zwîvallas» (aus urgermanisch «twîflalas» = ohne Spalte, ohne Falte); das Nomen «Zweifel» wird durch Suffigierung zum Adjektiv *downgegradet;* neuzeitliche und businesssprachliche Bedeutungsveränderung in Richtung «auf jeden Fall», «unbestritten», «gewiss»; aufblähende Zeitgewinnfloskel mit Tendenz zur Verstärkung und Nähe zum Füllwort; vgl. → *fraglos/ohne Frage.*

Bsp.: *Hiermit haben Sie zweifelsohne recht.*

Bedeutet: *Tja, könnte schon stimmen.*

Werbespot «Ich bin raus» der Outdoor-Firma «Schöffel»:

«An alle High-Potentials und Key Performer, Global Player und Opinion Leader, alle Deep Diver und Innovation Driver.
An alle Indoor Stepper und Power Napper, alle Urban Gardener und Facebookfarmer.
An alle Laufbandläufer und Proteindrink-Trinker, alle Insider und Upgrader.
An all euch Meilenmillionäre:
Macht erst mal ohne mich weiter.»

NACHWORT

Businesstalk – eine sprachwissenschaftliche Abgrenzung

Schon vor knapp einhundert Jahren stellte der Straßburger Universalgelehrte und Sprachforscher Rudolf Eilenberger fest:

«Die Bedeutung der Sondersprachen für die Entwicklung unserer Sprache ist heute allgemein anerkannt (...). Wir besitzen bereits umfangreiche Aufzeichnungen über die Verwaltungs-, Studenten-, Soldaten-, Seemanns-, Jäger- und Bergmannssprache, auch über die Geheimsprachen der Gauner. Die Sondersprachen sind individuell, und es liegt in ihnen ein Zug nach Abgeschlossenheit. Die Schranken der Gesellschaft, des Berufs, des Alters werden auch zu Grenzen in der Sprache, sowohl in der Sprachweise als auch im Wortschatz (...). Diese Entwicklung wird nie zu Ende gehen.»
(Sondersprachen, 1910)

Das «Bürodeutsch» oder «Geschäftsdeutsch», wie wir es heute beobachten, ist, historisch gesehen, ein relativ neues Phänomen in der deutschen Sprachlandschaft. Wenn man davon ausgeht, dass unterhalb der Allgemein- oder Standardsprache mehrere Unter- beziehungsweise Teilsprachen, sogenannte Subsprachen, angesiedelt sind, dann gehört der moderne Businesstalk zweifellos dazu. Die Begriffe «Slang» und «Jargon» werden linguistisch weitgehend synonym für solche Sondersprachen gebraucht, wobei der französische Begriff «Jargon» im angloamerikanischen Raum überwiegend abgelehnt wird. Von einem «Slang» – der Begriff

tauchte erstmalig um 1890 in London auf – sprechen Sprachforscher immer dann, wenn sie eine saloppe, zum Teil nach-
lässige oder fehlerhafte Sondersprache mit einem Hang zur
Derbheit oder zu gelegentlich ausgeprägten regionalen
Varianten beschreiben wollen, die in einer beruflich, gesell-
schaftlich oder sozial abgegrenzten Gruppe («Szene», «Sub-
kultur») gesprochen und von der Allgemeinheit als sprachlich minderwertig empfunden wird. Slangs gibt es in (fast)
allen Sprachen; sie gelten gemeinhin als Versuche des
«Underground», alltägliche Sprachtraditionen zu lockern,
und nehmen (als überkommen empfundene) Sprachsitten
aufs Korn. Somit passt «Slang» im sprachwissenschaftlich
verwendeten Sinne also eher weniger für unser modernes
Büro- und Floskeldeutsch.

Und wie steht es mit «Jargon»? Diese Bezeichnung ist wesentlich älter (15. Jahrhundert) und meinte ursprünglich die
Geheimsprache einer mafiösen Bande in Nordfrankreich,
der sogenannten Muschelbrüder; diese kreativen Gesellen
fielen nicht nur durch ihr Äußeres auf – ihr Erken-
nungsmerkmal war eine um den Hals baumelnde Jakobs-
muschel –, sondern auch durch ihren codierten Wortschatz.

Am bekanntesten sind heute die Begriffe «Szene-» und
«Fachjargon» – also Sondersprachen, die Gruppengrenzen
ziehen und eine Art «Sprachkomplizenschaft» herstellen
(zum Beispiel Chat-Jargon, Netz- und Hacker-Jargon,
Online-Gamer-Jargon, Jugendsprache). Ziel ist einerseits
eine Abgrenzung nach außen und andererseits die Bildung
einer eigenen Identität. Solche Fachjargons sind effizient,
klar und pointiert; sie funktionieren nach bestimmten im-
pliziten Regeln.

Die linguistische Grenze zur streng standardisierten
Fachsprache (medizinisch-psychologisches Vokabular, Bu-

siness-Englisch, Wissenschaftssprache) ist gelegentlich fließend, wie man besonders gut am Phänomen des «Geschäfts-» beziehungsweise «Büro-Deutschen» feststellen kann. Diese Ausdrucksform ist letztlich weder eindeutig als Slang oder Jargon im eigentlichen Sinne noch als Fachsprache nach engerer Definition fassbar. Zwar beinhaltet sie zweifellos fachsprachliche Elemente, beispielsweise aus der Betriebswirtschaft oder dem Sport, jargonmäßige Einflüsse scheinen jedoch zu überwiegen. Sie ist gekennzeichnet durch eine Vielzahl an – oft ganz gezielt gestreuten – Floskeln, Plattitüden, inhaltsleeren Phrasen, Worthülsen und Sprachbanalitäten. Diese wiederum sind je nach Branche oft unterschiedlich und tauchen in verschiedensten Schwerpunktsetzungen auf. Somit ist die Bürosprache als Sondersprache zu klassifizieren.

Ein paar Anregungen im Umgang mit Businesstalk

Wie wir gesehen haben, ist der mit Laber-Rhetorik, Anglizismen und Latinismen durchsetzte Businesstalk Bestandteil des ganz normalen dynamischen Sprachwandels, der nie aufhört. Als solches ist er zuerst einmal neutral zu bewerten. Klar kennt der Businesstalk durchaus (halbwegs) kreative Begriffe, die die Verständigung erleichtern können und Arbeitsprozesse erklären, und es kann durchaus Spaß machen und der internen Verständigung förderlich sein, wenn man sich dessen (einigermaßen reflektiert) bedient. So haben Floskeln, Phrasen und Hülsen ihre Berechtigung im täglichen Sprachgebrauch. Allerdings gibt es Auswüchse, zum Beispiel wenn Sachverhalte verschleiert oder Menschen manipuliert werden sollen – denken Sie nur an *Verschlankung*, *freistellen*, *gesundschrumpfen* usw. Viele Menschen im Modern Business quälen sich mit Formulierungen wie *suboptimaler Output*, *Over-Performer* oder *Prework*, weil dies jeder so macht – gleichzeitig spüren sie, wie sich etwas in ihnen sträubt. Deshalb: Floskeln Sie hin und wieder zum Spaß mit, denn wer mit Wörtern spielt, handelt kreativ. Doch bleiben Sie gerade angesichts des inflationären Wörterwulsts sprachkritisch! So registrieren Sie am ehesten, wenn Sie «abzugleiten» drohen. Der Philosoph Arthur Schopenhauer hat es auf den Punkt gebracht: «Gebrauche gewöhnliche Worte für außergewöhnliche Dinge!»

LITERATURVERZEICHNIS
(KOMMENTIERT)

Baum, Thilo: *Komm zum Punkt! Das Rhetorik-Buch mit der Anti-Laber-Formel.* München 2009 (Ein Insider-Buch, das mit Rhetorikkursen für Manager kritisch ins Gericht geht.)

Buttlar, Horst von (Hg.): *Bitte asapst mailden, sonst Bottleneck! Businesstalk. Das unverzichtbare Vokabular für jedes Büro.* München 2011 (Aus einer wöchentlichen Kolumne in der *Financial Times Deutschland* entstandene Sammlung von Businessfloskeln.)

Doeppner, Kathrin: *Anglizismen in der deutschen Sprache.* München 2013 (Studienarbeit aus dem Jahr 2007 im Fachbereich Germanistik, Linguistik.)

Fletcher, Adam/Hawkins, Paul: *Denglisch for Better Knowers. Funbird, Smartshitter, Hand Shoes und der ganze deutsch-englische Wahnsinn.* Berlin 2014 (Viele direkte Übersetzungen von Begriffen und Redewendungen, die bis jetzt als nicht übersetzbar galten.)

Frenzel, Karolina/Müller, Michael/Sottong, Hermann: *Storytelling. Das Praxisbuch.* München 2009 (Ein Fachbuch, das Methoden vorstellt, wie Unternehmen mit dem passenden Wording angeblich Kundenbeziehungen verbessern, Mitarbeiter begeistern und die Imagekommunikation verbessern können.)

Grabowski, Gunther: *Ach, du liebes Deutsch!* Paderborn 2013 (Ein kleines sprachbezogenes Kaleidoskop, das satirisch, aber auch ernsthaft unserer mit englischen Ersatzwörtern verklebten Umgangssprache nachspürt.)

Grimm, Jacob und Wilhelm: *Deutsches Wörterbuch.* 33 Bände. München 1999

Habscheid, Stephan: *Sprache in der Organisation. Sprachreflexive Verfahren im systemischen Beratungsgespräch.* Berlin 2003

Ikonomidis, Ageliki: *Anglizismen auf gut Deutsch. Ein Leitfaden zur Verwendung von Anglizismen in deutschen Texten.* Hamburg 2009

Jost, Hans-Rudolf: *Best of Bullshit. Worthülsen aus der Teppichetage.* Berlin 2012 (Ein amüsantes Buch zum Berater-Singsang, jedoch ohne sprachliche Erklärungen. Der Autor ist Change-Management-Consultant, coacht Top-Führungskräfte und tritt als Referent auf internationalen Kongressen auf.)

Jost, Hans-Rudolf: *Leadershit. Warum es Arschlöcher in Wirtschaft und Politik am weitesten bringen. Mit großem Bestimmungsteil: Wie erkennt man ein Arschloch?* Berlin 2012 (Eine sprachkritische Abrechnung nicht nur mit der Beraterzunft.)

Junker, Gerhard H. u.a.: *Der Anglizismen-Index 2013. Anglizismen – Gewinn oder Zumutung?* Berlin 2013 (Ein Verzeichnis von rund 7.300 englischen Wörtern und Wendungen, die in die deutsche Sprache eingedrungen sind.)

Köppen, Christin: *Herkunft, Anwendung und Funktion von Anglizismen in der deutschen Sprache.* München 2013 (Studienarbeit aus dem Jahr 2008 im Fachbereich Germanistik, Linguistik.)

Krämer, Walter: *Modern Talking auf Deutsch. Ein populäres Lexikon.* München/Zürich 2000

Leif, Thomas: *Beraten und verkauft. McKinsey & Co. Der große Bluff der Unternehmensberater.* Berlin 2008 (Ein Schwarzbuch, das den Schleier einer viel zu teuren, fachlich überschätzten, aber so einflussreichen wie beunruhigenden Branche lüftet und das «Wording» der Consultants kritisch untersucht.)

Melzer, Jan/Sieg, Sören: *Come in and burn out. Denglish – der Survival-Guide.* München 2011

Nölke, Matthias: *Vielen Dank an das gesamte Team.* Freiburg 2012

Schlüter, Stefanie: *Die Sprache der Werbung. Entwicklungen, Trends und Beispiele.* Köln 2007 (Das Buch untersucht die Wirkung sprachlicher Elemente und Stilmittel in der Werbung. Grundlage bildet eine empirische Studie über die Wirkung englischer und deutscher Slogans bzw. die Akzeptanz von Anglizismen.)

Schneider, Wolf: *Speak German! Warum Deutsch manchmal besser ist.* Reinbek 2009 (Eine entschiedene Liebeserklärung an die deutsche Sprache, gegen die allgegenwärtige Anglomanie.)

Schneider, Wolf: *Wörter machen Leute. Magie und Macht der Sprache.* Reinbek 2011

Sutton, Robert I.: *Der Arschloch-Faktor. Vom geschickten Umgang mit Aufschneidern, Intriganten und Despoten in Unternehmen.* Berlin 2008 (Ein nicht ganz ernst gemeinter, amüsanter Leitfaden mit Ideen und Überlebensstrategien für den Umgang mit «floskel-infizierten» Zeitgenossen.)

Weeber, Karl-Wilhelm: *Latin Reloaded. Von wegen Denglisch – alles nur Latein!* Frankfurt a. M. 2011. (Dieses Buch stellt anhand zahlreicher Beispiele klar, dass viele Anglizismen ursprünglich aus dem Lateinischen stammen.)

Weiden, Ewald F.: *Folienkrieg und Bullshitbingo. Ein Handbuch für Unternehmensberater, Opfer und Angehörige.* München 2011 (Ein Buch für alle, die mit Unternehmensberatern leben, unter ihnen leiden – oder einfach über sich selbst lachen wollen.)

Interessante Webseiten

www.absolventa.de/blog/das-denglisch-der-consulter

www.blablameter.de

www.handelsblatt.com/infografiken/buero-nervsprech-der-grosse-bullshit-generator-/3911234.html

www.phrasen.com

Zeitschriftenartikel (alle auch online abrufbar)

«Ausgelutscht. Die 10 plattesten Karrierefloskeln.» In: chip-online.de, 28.12.2010

Beuth, Patrick: «Als Steve gegen Microsoft pöbelte.» In: Die Zeit, 04.09.2012

Freiberger, Harald: «Jedem Manager seine Floskel.» In: Süddeutsche Zeitung, 17.5.2010

Güssgen, Florian: «Outplacement. Jobsuche in der Wellness-Zone.» In: Stern, 26.08.2006

Hackmann, Joachim: «Die 20 schlimmsten Berater-Phrasen.» In: CIO.de, 15.11.2013

Hillenbrand, Tom: «Verstehen Sie Beratersprech? Ein Kauderwelsch-Quiz.» In: Spiegel-Online, 20.07.2011

Hülder, Janis: «Feel-good-Manager sind mehr als schlichte Bespaßer.» In: Wirtschaftswoche, 16.08.2013

Hüttenberger, Jens: «Reden Sie kein Bullshit!» In: immobilienmarketing-blog.de, 19.11.2012

«Kommt Leute, das ist jetzt wirklich keine rocket science.» In: Financial Times Deutschland, 24.10.2012

Mai, Jochen: «Was Meeting-Floskeln wirklich bedeuten.» In: Wirtschaftswoche, 11.09.2009

Stäubli-Roduner, Madeleine: «Business-Floskeln. Von Worten und Wolken.» In: Handelszeitung, 14.09.2011

Schenk, Hans-Otto: «Deutsch als Papageiensprache. Floskel-Deutsch – und wie man ihm empirisch auf die Schliche kommt.» In: Wortschau 10/2010, S. 8–11

Sick, Bastian: »Stop making sense!» In: Spiegelonline.de, 20.08.2003

Strauss, Beate: «Marketing- und Präsentations-Jargon. Nichts als Worthülsen?» In: innovativ-in.de, 03.08.2007

Ueding, Gert: «Man spricht deutsch.» In: Welt am Sonntag, 28.10.2001

Vogt, Dorothee: «Wie bitte?» In: Der Tagesspiegel, 03.07.2011

Volk, Hans-Jürgen: «Waterworld. Über die marktkonforme Gleichschaltung der Gesellschaft.» In: zwischenrufe-diskussion.de, 28.11.2007